罗义发 郑晓宁 丛珊滋 著

食品安全与检验技术研究

延边大学出版社·延吉

图书在版编目（CIP）数据

食品安全与检验技术研究 / 罗义发，郑晓宁，丛珊
滋著. -- 延吉：延边大学出版社，2024.1
ISBN 978-7-230-06168-1

Ⅰ.①食… Ⅱ.①罗…②郑…③丛… Ⅲ.①食品安
全②食品检验 Ⅳ.①TS201.6②TS207.3

中国国家版本馆CIP数据核字(2024)第036932号

食品安全与检验技术研究

著　　者：罗义发　郑晓宁　丛珊滋
责任编辑：郑明昱
封面设计：文合文化
出版发行：延边大学出版社
社　　址：吉林省延吉市公园路977号　　　邮　编：133002
网　　址：http://www.ydcbs.com
E-mail：ydcbs@ydcbs.com
电　　话：0433-2732435　　　　　　　传　真：0433-2732434
发行电话：0433-2733056
印　　刷：廊坊市海涛印刷有限公司
开　　本：787 mm×1092 mm　1/16
印　　张：12.5　　　　　　　　　　　字　数：192千字
版　　次：2024年1月 第1版
印　　次：2024年3月 第1次印刷
ISBN 978-7-230-06168-1

定　　价：68.00元

前　　言

　　食品是人类赖以生存和发展的基本物质,是人们生活中最基本的必需品。正所谓"民以食为天,食以安为先",食品是人类最直接、最重要的能量和营养素来源,支撑人类的健康、生存与发展。

　　随着经济的迅速发展和人们生活水平的不断提高,食品产业获得了空前的发展。各种新型食品层出不穷,食品产业已经在国家众多产业中占支柱地位。因而,食品与食品安全已经成为影响我国农业和食品工业竞争力的关键因素,也影响着经济产品结构和产业结构的战略性调整,以及我国与世界各国之间的食品贸易。因此,食品与食品安全应得到越来越多的重视,对食品加强监管,就是对公众负责和对国家负责。

　　食品安全是一种公共安全,也是国家安全的一部分。食品安全是涉及维护民生和社会经济发展的重大问题。从维护民生的角度看,保障食品安全就是避免食源性疾病对人的身体健康造成威胁,维护广大社会公众的身体健康、生命安全、生命质量以及家庭幸福。积极维护食品安全不仅是政府义不容辞的责任,也是广大社会公众的义务。让广大社会公众了解食品与食品安全不仅能增加他们的食品与食品安全知识,增强食品安全意识,还有助于让公众养成科学、合理的饮食习惯,对推动国家经济发展和走向世界有重要意义。

　　本书主要研究食品安全与检验技术,从食品安全基础理论介绍入手,内容涵盖食品安全概述、食品中的危害因素、食物中毒与食品卫生等,针对食品理化检验的理论与程序、食品检验的一般技术进行了分析研究;另外对食品中一般成分的检验、食品中添加剂的检验,食品加工、储藏过程中有害物质的检验做了一定的介绍;还对食品安全及检测新技术进行了分析研究。本书提出了食品安全与检验的相关问题,为保障食品安全提供了更多思路与方法,充实了食品安全的研究内容,可供高校食品安全、食品质量与安全等专业的学生学习使用，以及各类食品生产企业的工作人员学习使用，也可作为相关研究人员的参考用书。

在本书写作过程中，参考和借鉴了一些知名学者和专家的观点及论著，在此向他们表示深深的感谢。由于水平和时间所限，书中难免会出现不足之处，希望各位读者能够提出宝贵意见，以待进一步修改，使之更加完善。

本书由姜松、邵婧婧、陈栋、裴铮、高文明、董欣负责审稿工作。

目　　录

第一章　食品安全综述

第一节　食品安全概述

一、食品安全的定义

1974 年，联合国粮食及农业组织（简称粮农组织，FAO）提出了"食品安全"的概念。从广义上来讲，主要包括三个方面的内容：从数量上看，国家能够提供给公众足够的食物，满足社会稳定的基本需要；从卫生安全角度看，食品对人体健康不应造成任何危害，并能提供充足的营养；从发展上看，食品的获得要注重生态环境的良好保护和资源利用的可持续性。

《中华人民共和国食品安全法》（以下简称《食品安全法》）规定的"食品安全"，是指食品无毒、无害，符合应当有的营养要求，对人体健康不造成任何急性、亚急性或者慢性危害。《食品安全法》所定义的狭义的食品安全概念，是出于既能满足需求，又可以维护可持续意义上的食品安全，并由《中华人民共和国农业法》和《中华人民共和国环境保护法》等法律进行规范的考量。

《国家重大食品安全事故应急预案》中将食品安全定义为：食品中不应包含有可能损害或威胁人体健康的有毒、有害物质或不安全因素，不可导致消费者急性、慢性中毒或感染疾病，不能产生危及消费者及其后代健康的隐患。该定义是在《食品安全法》的基础上，对食品的基本属性更进一步的描述。食品在满足基本属性的同时，被不可避免地通过环境、生产设备、操作人员、包装材料等带入一定的污染物，包括重金属、农药、生物性污染物、化学性污染物等，但这些污染物在食品中的含量是有限制的，即在食品安全国家标准规定的范围之内。食品安全国家标准制定的根据就是按照通常的使用量和使用方法，不对人体产生急慢性和蓄积毒性的科学数据。

二、食品安全的种类

食品安全包括食品卫生安全、食品质量安全、食品营养安全和食品生物安全。

（一）食品卫生安全

食品的基本要求是卫生和必要的营养，其中食品卫生是食品的最基本要求。强调保证食品卫生，是解决吃得是否干净、有害与无害、有毒与无毒的问题，也就是食品安全与卫生的问题。保障食品卫生就是创造和维持一个有益于人类健康的生产环境，必须在清洁的生产加工环境中，由身体健康的食品从业人员加工食品，防止因微生物污染食品而引发食源性疾病。同时，使引起食品腐败的微生物繁殖减少到最低程度。

食品安全是以食品卫生为基础的。食品安全包括了食品卫生的基本含义，即"食品应当对人体无毒、无害"。

从一般意义来讲，做好以下几个方面，食品卫生安全就会得到基本保障：

净：就是在原料处理过程中，要剔净、掏净、摘净、洗净，通过粗加工，保证食品中没有杂质。

透：就是要在烹饪中，做到蒸透、煮透、炸透。通过热加工把食品深部的细菌杀死。

分：就是粗加工和细加工分开；解冰用水与蔬菜洗涤用水分开；生熟食品用具分开；加工后的熟制品与半成品分开存放；半成品与未加工的原料分开存放。

防：就是加工后的熟食要注意防蝇、防尘；勿用手接触熟食，防止食品交叉和重复污染。

（二）食品质量安全

食品质量是指食品满足消费者明确的或者隐含的需要的特性，包括功用性、卫生性、营养性、稳定性和经济性。

功用性：色、香、味、形，提供能量，提神兴奋，防暑降温，爽身。

卫生性：不污染，无毒、无害。

营养性：生物价值高。

稳定性：易保存，不变质、不分解。

经济性：物美价廉，食用方便。

食品质量安全是指食品品质的优劣程度，包括食品的外观品质和内在品质。外观品质如感官指标色、香、味、形；内在品质包括口感、滋味、气味等。食品要具有相应的色、香、味、形等感官性状和符合产品标准规定的应有的营养要求。

（三）食品营养安全

按照联合国粮农组织的解释，营养安全就是在人类的日常生活中，要有足够的、平衡的，并且含有人体发育必需的营养元素供给，以保障食品安全。

食品的营养成分指标要平衡，结构要合理。食品必须有营养，如蛋白质、脂肪、维生素、矿物质、纤维素等各种人体生理需要的营养素要达到国家相应的产品标准，能促进人体健康。如果食品达不到国家相应的产品标准，这种食品在营养上就是不安全的。

（四）食品生物安全

食品生物安全是指现代生物技术的研究、开发、应用，以及转基因生物的跨国、越境转移，可能会对生物多样性、生态环境、人体健康及生命安全产生潜在的不利影响，特别是各类转基因活生物释放到环境中可能对生物多样性构成潜在的风险与威胁。

三、食品安全的社会影响

（一）食品安全问题备受关注的原因

食品安全是个古老而又现代的话题，在社会发展的不同时期会出现不同的食品安全问题。

在现代社会，食品安全问题变得更加突出。一是随着社会的发展，人们的生活质量日益提高；二是现代科技在目前阶段的发展状况，也造成了大量的食品安全问题。在生活中，各种化学物质、有毒有害物质会不断地释放到环境中，出现在食品链的各个环节，产生各种急性和慢性食源性危害。古老的生物性危害随着物种的进化、突变、重组，毒蛋白及毒素的产生，会不断地出现新的生物性危害因子，物理性危害也会以新的形式出现在食品链中，这些都给食品增添了新的不安全因素。

（二）食品安全问题所造成的社会影响

食品安全问题对人们的健康、生命安全、社会经济生活乃至政治等方面都产生了巨大的影响。

由不安全食品引起的食源性疾病危害着人类的身体健康和生命安全。这样的案例很多，例如，在发达国家每年都有很多人感染食源性疾病，这个问题在发展中国家更为严重，在一些不发达国家中导致死亡的主要原因是食源性和水源性腹泻，每年有上百万人因此丧生。

食品安全问题对社会经济发展也产生了显著的影响。这不仅表现在支付疾病治疗与控制方面的所需费用、不合格产品销毁等直接经济损失上，而且还表现在相关的间接经济损失上。食品安全事件对企业、国家形象的伤害可造成其产品贸易（特别是国际贸易）机会的减少甚至丧失；其对消费者信心的打击可导致企业的破产，甚至一个产业的崩溃，这些间接经济损失往往比直接经济损失更大。

食品安全对社会政治生活也会造成重大危害和影响。食品安全是一种公共安全，也是国家安全的一部分。一些由食品安全问题引发的食品恐慌事件会导致所在国家或地区动荡不安，影响人们的正常生活。

四、加强食品安全的策略

（一）政府全方位出重拳，保证食品安全

1.健全食品安全法律法规体系，真正做到执法必严、违法必究

通过多年来的努力，我国已建立起较为完善的法律法规体系，目前我国有关食品安

全的法律主要有《中华人民共和国食品安全法》《中华人民共和国产品质量法》《中华人民共和国标准化法》《中华人民共和国农业法》《中华人民共和国农产品质量安全法》等，与食品安全密切相关的法律有《中华人民共和国进出口商品检验法》《中华人民共和国进出境动植物检疫法》《中华人民共和国国境卫生检疫法》等。另外还有一系列的法规，对防止和控制食品中有害因素对人体的危害、预防和减少食源性疾病的发生、保证食品安全、保障人民健康发挥着重要作用。但也要认识到，我国食品安全法律法规体系仍不够完善，部分地区存在执法体系之间协调性差、权限和职能不清，法律法规的效力和执行力度不够等问题，有待进一步加强。

2. 制定与食品安全相关的标准体系、制度

（1）积极研究、制定并严格执行食品安全标准。我国已初步形成门类齐全、结构相对合理的食品安全标准体系，但仍不够完善。食品安全标准的统一性、协调性、实用性和时效性还不够强，部分标准水平偏低，必须及时修订和完善，同时要加大食品安全标准的实施力度。

（2）不断完善和发展食品安全标准体系。推行食品 GMP（食品良好生产规范），实施 SSOP（卫生标准操作程序）和 HACCP（危害分析与关键控制点）。适时修订、补充食品安全标准。

（3）完善食品认证体系，健全食品准入制度。我国基本建成了统一的食品认证体系，如无公害农产品、绿色食品、有机食品等认证，但实行过程中需进一步规范和完善。

（4）建立食品安全信息体系和可追溯体系。建立能及时、准确、全面、公开和有效提供食品安全方面的信息体系，以利于社会监督和维护公众信心，提高食品安全管理水平，促进行业自律。食品可追溯体系的建立，可快速召回问题食品，增强公众食品消费的安全感，有利于政府管理部门加强食品安全的监管。

（5）完善食品安全应急机制。应从法律、行政和技术层面完善食品安全应急机制。

3. 打击违法企业，履行监督职能

违法企业把没有质量安全保证的产品推向市场，要受到严厉打击，增强生产者及销售者的责任心，增加消费者对食品安全的信心。

政府负有监督管理食品安全的社会责任，在依据食品安全的法律、法规进行监管的

同时，各监管主体还需要提升自身的监管理念，加强自身的制度建设，更好地为维护食品安全服务。

（二）企业应承担法律与道德责任

食品工业不仅是我们赖以生存的生命工程，同时还是一个道德工程，它要求食品生产经营者是食品卫生与安全的第一责任人，应对食品安全履行应有的法律责任和道德责任。应建立和完善产品溯源制度和可追溯的技术体系，可以追溯食品的产地和生产者，使守法的食品生产企业得到保护和受到尊敬。

（三）消费者

消费者的责任就是按照标签说明的方式正确食用食品，并应养成良好的饮食卫生习惯和确立维护自身食品安全权与监督权的意识。

（四）发挥媒体的参与与监督作用

现代社会的食品安全问题，也离不开媒体的参与和监督，新闻媒体对于食品安全也需要发挥"社会监视器"作用。

总之，食品安全的维护与实现是一个社会工程，需要全社会的共同努力。

六、安全食品的分类与区别

（一）安全食品的具体分类与等级

目前，除了普通食品之外，安全食品还包括无公害食品、绿色食品、有机食品等不同的类别，其安全性等级依次递增。

1. 普通食品

普通食品也称常规食品，是在一般生态环境、生产条件下进行生产和加工的食品。其必须经过县级以上的卫生或者质检部门的检验并达到标准，才属于安全范畴的食品。它既是我国农业和食品加工业的主要产品，也是目前我国大众所消费的主要食品。

2. 无公害食品

无公害食品（农产品），是指产地环境、生产过程和最终产品符合无公害食品标准和规范，经专门机构认定，许可使用无公害农产品标识的食品。在我国需经过省级以上农业行政主管部门认证，才允许使用无公害农产品标志。在其生产过程中允许限量、限品种、限时间地使用人工合成的、安全的化学农药、兽药、渔药、肥料、饲料添加剂等。

3. 绿色食品

绿色食品，是指遵循可持续发展原则，按照特定生产方式生产和经专门机构认定、许可使用绿色食品标志，无污染的安全、优质、营养类的食品。由于国际上通常将与环境保护有关的事物冠之以"绿色"称谓，也为更加突出这类食品出自良好的生态环境，因此将其定名为绿色食品。绿色食品划分为 A 级与 AA 级两个类别，后者的安全级别更高一些，其区别在于前者允许限量使用限定的化学生产资料，而后者是在生产过程中不使用化学合成的农药、肥料、食品添加剂、饲料添加剂、兽药及危害环境和人体健康的生产资料。

4. 有机食品

有机食品，是生产环境未受到污染、纯天然的高品位的安全食品，它来自有机农业生产体系，根据有机农业生产要求和相应标准生产加工的，即在原料生产和产品加工过程中不使用化肥、农药、生长激素、化学添加剂等化学物质，不使用基因工程技术，并通过独立的有机食品认证机构认证的一切农副产品，包括粮食、蔬菜、水果、奶制品、畜禽产品、蜂蜜、水产品、调料等。

（二）无公害农产品、绿色食品、有机食品的区别

无公害农产品是绿色食品和有机食品发展的基础和初级阶段，绿色食品和有机食品是在无公害农产品基础上的进一步提高，有机食品是质量更高的绿色食品。三类产品虽有密切联系，但在产地环境、价格、质量上却有很大的差别。

1. 产地环境标准要求不同

无公害农产品的生产受地域环境质量的制约，对产地的空气、农田灌溉水质、渔业水质、畜禽养殖用水和土壤等的各项指标以及浓度限值都做出规定，强调具有良好的生

态地域环境，以保证最终产品的无污染、安全性。

绿色食品的生产基地选择首先要求大气环境、土壤环境、农业灌溉水质等必须符合相关的质量标准，并且在相当大的范围内无粉尘地带，而且附近尤其是在水的上游、上风地段没有如化工厂、造纸厂、水泥厂、硫黄厂、金属镁厂等污染源，产地需要距离主干公路 50 m 以外，每隔 2～3 年需要经过生态环境部门对果园附近的大气、灌溉水和土壤进行检测，有害物质不得超过国家规定的标准。

有机食品的生产基地要求在最近 3 年内未使用过农药、化肥等物质，并且无水土流失及空气环境污染等问题，从常规种植向有机种植的转换需要有两年以上的转换期。

2. 生产技术标准要求不同

无公害农产品对病、虫、害等坚持预防为主、综合防治的原则，严格控制使用化学农药。农药残留量控制在限量范围内，禁止使用具有高毒、高残留或具有致癌、致畸、致突变作用的农药，严禁使用无"三证"（国家登记证、生产许可证或批准证、执行标准号）的农药。肥料施用原则以有机肥为主，辅以其他肥料；以多元复合肥为主，单元素肥料为辅；以基肥为主，追肥为辅。应尽量限制化肥的施用，如确实需要时可以有限度地选择施用化肥。在生产过程中制定相应的无公害生产操作规范，建立相应的文档和进行备案。

绿色食品的生产用肥则必须符合国家"生产绿色食品的肥料使用原则"的规定，生产 AA 级绿色食品要求使用农家肥（包括绿肥和饼肥）和非化学合成商品肥料（包括腐殖酸和微生物肥料）；生产 A 级绿色食品则允许限量使用部分化学合成肥料。要求应尽量不用或少用化学农药，严禁使用剧毒、高毒、高残留和具有致癌、致畸、致突变作用的化学农药。

有机食品在生产过程中绝对禁止使用农药、化肥、激素等人工合成物质，不允许使用基因工程技术。作物的秸秆、畜禽粪肥、豆科作物、绿肥和有机废弃物是土壤肥力的主要来源。作物轮作以及各种物理、生物和生态的措施是控制杂草和病虫害的主要手段。有机生产的全过程必须有完备的记录档案。

第二节 食品中的危害因素

一、食品中的物理性危害

（一）物理性危害的定义

食品中的物理性危害是指包括任何在食品中发现的、不正常的、有潜在危害的外来物。物理性危害是最常见的消费者投诉问题，因为食品中的物理伤害立即发生或物理性危害因子吃后不久就发生后果，并且伤害的来源通常是容易确认和辨别的，例如金属碎屑、石子等。

从不同角度对物理性危害的界定：

1. 法律法规关注

代表性的是导致人体伤害，如硌碎牙、割裂伤或窒息。

掺杂坚硬或锋利的物品，包括：

（1）认为对公众有伤害的、7 mm～25 mm 长的硬或锋利异物；

（2）用于特殊高危人群（如婴儿、老人）可能出现危害的、小于 7 mm 长的硬或锋利异物；

（3）大于 25 mm 长的硬或锋利异物。

上述情况下将通过健康危害评估考虑各种因素，包括产品的预期用途、后续处理步骤，官方指导和要求如果存在不可避免的自然缺陷，应有其他在消费者使用产品前可以消除、缓解的因素，无效或中和食物的危害。

2. 使用者关注

能够因其坚硬、锋利、尺寸或形状导致消费者受到伤害的物品，包含以下但不限于：玻璃、金属、石头、塑料、木头。

3.消费者关注

任何不属于产品的物质，如头发、虫害、线绳等，无论其是否造成真正的危害，消费者从情感上是不可接受的。

（二）物理性危害的材料类型与来源

食品中的物理性危害主要来源于以下五方面：

①来自田地的物理性危害：石头、金属、果蔬中不应掺杂的物质（如刺或木屑）、泥块等。

②来自加工或贮存不当的物理性危害：骨头、玻璃、金属、木屑、螺钉帽、螺钉、煤渣、布料、油漆碎片、铁锈等。

③运输中进入的物质：昆虫、金属、泥块、石头或其他的物质。

④有意放在食品中的东西。

⑤各种原因产生的磷酸铵镁之类的结晶。

工厂方面应尽力消除①和②中所提到的物理性危害，这可以通过预防性维护保养来防止。预防性维护保养被认为是"HACCP（Hazard Analysis and Critical Control Point，危害分析的临界控制点）的前提"因素之一，没有适当保养的设备和流水线常常会带来物理性危害。

要理解农产品和经过加工的产品的区别，可以去看看生咖啡豆和加工后的咖啡里都有些什么，生咖啡豆里有石子、金属碎片和其他杂质。因此，良好的农业操作规范显得尤为重要。

员工蓄意破坏引起的危害更加危险也更难以监测，这也是物理性危害之一。控制员工的蓄意破坏行为是好的管理和正确的员工教育的一个方面，完全实行质量保证体系要靠受过良好的食品加工教育和HACCP原理教育的员工们，使每个人树立以食品安全为己任的思想能减少这类危害发生的可能性。管理部门不可能看到所有的东西，但是流水线上的工人一般都知道该怎么做，当检查一套设备时，检查员或者审核员如果能得到他们的信任，他们会提供许多有用的资料。

其他方面的物理性危害也是有风险的，例如食品中的磷酸铵镁，这种氨基化合物是一种坚硬的晶体，在罐装富含蛋白质的水产品中容易形成，对消费者来说外观上就像玻璃，如果咬到可能会硌坏牙齿，虽然不会像玻璃那样割伤人，但它仍是一种物理性危害。

食品中的异物会给食用者造成不同程度的伤害，甚至导致死亡。因此，控制这些杂质在一定的限量标准内是很重要的。

（三）物理性危害的评估

物理性危害的评估应包括以下步骤：

（1）对害虫控制、外来物质去除、生产状况、运输和接收货物以及生产各主要程序的系统审查；

（2）对包装和包装容器材料的审查，特别是当包装材料是玻璃时；

（3）对农业生产的审查；

（4）对包括主要职员在内的个人行为的审查；

（5）包装评估用来证明产品被破坏或明显被破坏。

建立和实施 HACCP 体系时，应重视物理性危害的重要性。正如前面提到，保证物理性危害被有效控制的最好方法是使用设计良好的预防性维护保养程序，这是 HACCP 的基本前提之一。金属间接触，特别是机器的切割和搅拌操作及使用中部件可能破裂或脱落的设备，如金属网眼皮带可使金属碎片进入产品，此类碎片会对消费者构成危害。物理性危害可通过对产品采用金属探测或经常检查可能损坏的设备部位来予以控制。

（四）物理性危害的控制策略

物理性危害常常来自偶然的污染和不规范的食品加工处理过程。它们能发生在从收获到消费这个食物链条的各个环节点。

预防物理性危害（食品中的危害因素）的主要方法：

（1）严格控制原料。如要彻底地清洗水果和蔬菜，对那些不能洗的食物（如牛肉馅）要用肉眼进行检查，对原料的异物进行检查。

（2）优化工艺，防止污染。通过优化工艺，例如产品经过金属探测仪、X 光探测仪等进行检测，防止金属碎屑等污染。

（3）加强管理。要教育食品从业人员安全地加工食物，严格按照 GMP 的要求进行操作，防止玻璃碎片和金属屑等外来物的污染。

（4）提高员工的素质。配合食品防护计划，提高员工的素质和归属感，因为来自员工的有意破坏更可怕，而且难监测，对于这一点，只能靠良好的管理和提高员工的素质来保证。

（5）养成良好的卫生习惯。食品从业人员在进行食品生产的时候不应该佩戴珠宝，但结婚戒指除外。

二、食品中的生物性危害

（一）生物性危害的定义

生物性危害主要是指生物（尤其是微生物）本身及其代谢过程、代谢产物（如毒素）、寄生虫及其虫卵和昆虫对食品原料、加工过程和产品的污染。生物性危害包括有害的细菌、致病性真菌、病毒、寄生虫、藻类和它们产生的某些毒素。

生物性危害通常具备以下特点：

（1）生物性危害是活的生物或者其产生的代谢物。

（2）与食品的成分等营养有关。

（二）生物性危害的主要类型与特点

1. 细菌

细菌污染是影响食品安全的主要原因之一。细菌性食物中毒占食物中毒的 7% 以上，在公共卫生上占有重要地位。细菌性食物中毒发生的原因，往往是食品被致病性微生物污染后，在适宜的条件下，微生物急剧大量繁殖，使食品中含大量细菌或活的致病菌或它们产生的毒素，以致食用后引起中毒。

根据引起中毒原因的不同，细菌性食物中毒可分为感染型食物中毒、毒素型食物中毒和混合型食物中毒三大类。凡是由于人们食用含大量病原菌的食物引起消化道感染而造成的中毒称为感染型食物中毒，凡是由于人们食用因细菌大量繁殖而产生毒素的食物所造成的中毒称为毒素型食物中毒，但有时候食物中毒常常是由毒素型和感染型两种协同作用引起的，这类型中毒称为混合型食物中毒。

　　根据临床表现的不同，食物中毒又可分为胃肠型食物中毒和神经型食物中毒两类。胃肠型在临床上较常见，其特点是潜伏期短，集体发病，大多数伴有恶心、呕吐、腹痛、腹泻等急性胃肠炎症状。引起胃肠型食物中毒的细菌很多，常见的有副溶血性弧菌、变形杆菌、致病性大肠杆菌、蜡样芽孢杆菌、空肠弯曲杆菌及金黄色葡萄球菌肠毒素等；神经型食物中毒主要是肉毒梭菌毒素中毒，能引起眼肌或咽部肌肉麻痹，重症者还可影响脑神经，若抢救不及时，可引起死亡且死亡率很高。

　　2. 真菌

　　霉菌是真菌的一部分。霉菌在自然界分布极广，约有 45 000 种，其中与食品安全关系密切的霉菌大部分属于半知菌纲中的曲霉属、青霉属和镰刀菌属。霉菌毒素是霉菌产生的有毒代谢产物。迄今发现的霉菌毒素已有 200 多种。

　　（1）影响霉菌生长和产毒的条件

　　①水分。一般而言，微生物在含水分多的食品中容易生长，而在含水分少的食品中不易生长。

　　②温度。在 20 ℃～28 ℃温度下大部分霉菌都能生长，最适温度为 25 ℃。小于 0 ℃和大于 30 ℃时，霉菌的生长显著减弱。

　　③基质。霉菌的营养来源主要是糖、少量氮和无机盐，因此极易在含糖的饼干、面包等食品上生长。

　　（2）霉菌毒素

　　黄曲霉毒素（AFT）是黄曲霉和寄生曲霉中一部分产毒菌株的代谢产物。

　　①化学结构与特性。目前已确定结构的黄曲霉毒素有 20 多种，根据其在紫外光照射下发出荧光颜色的不同，可分为 B 系和 G 系两大类。其毒性与结构有关。在天然食品中以黄曲霉毒素 B_1（AFTB$_1$）的污染最为常见，其毒性和致癌性也最强，故在食品监测中常以黄曲霉毒素 B_1 作为黄曲霉毒素污染的指标。

　　②产毒条件。黄曲霉和寄生曲霉不同产毒株的产毒能力差异很大。环境相对湿度（80%～90%）、温度（25 ℃～32 ℃）、氧气（1%以上）也是其产毒所必需的条件。此外，天然基质（花生、玉米、大米）比人工培养基产毒量高。

　　（3）对食品的污染

　　我国长江沿岸及长江以南地区黄曲霉毒素污染严重，北方各省污染较轻。各类食品中，以花生、花生油、玉米的污染最为严重，大米、小麦、面粉污染较轻，豆类很少受到污染。其他许多国家的农产品也存在黄曲霉毒素的污染，尤其热带和亚热带地区食品的污染较重。目前多个国家制定了食品和饲料中黄曲霉毒素的限量标准：食品中黄曲霉毒素 B_1 5 μg/kg，世界各国还在进一步降低食品中黄曲霉毒素的限量标准，使之达到尽可能低的水平。

（4）黄曲霉毒素的毒性

黄曲霉毒素有很强的急性、慢性毒性和致癌性。

①急性毒性

黄曲霉毒素为剧毒物质，对多种动物和人均有很强的急性毒性。黄曲霉毒素有很强的肝脏毒性，可导致肝细胞坏死，胆管上皮增生、肝脂肪浸润及肝内出血等急性病变。少量持续摄入则可引起肝纤维细胞增生、肝硬化等慢性病变。

②慢性毒性

其主要表现是生长障碍，亚急性或慢性肝损伤。其他症状有食物利用率下降、体重减轻、生长发育缓慢、母畜不孕或产仔少等。

③致癌性

黄曲霉毒素可诱发多种动物的实验性肝癌。黄曲霉毒素不仅可致动物肝癌，而且可致胃、肾、直肠、乳腺、卵巢、小肠等其他脏器的肿瘤。

黄曲霉毒素引起急性中毒和死亡的病例，已有多起报道。其中以 1974 年印度 200 多个村庄因食用霉变玉米所致的中毒性肝炎暴发最为严重。中毒人数上千人，其中重症患者近 400 人。症状主要是发热、呕吐、厌食、黄疸，进而出现腹水、下肢水肿，严重者很快死亡。

黄曲霉毒素与人类肝癌发生亦有一定的关系。我国和其他许多国家的流行病学调查表明，人群膳食中黄曲霉毒素的水平与原发性肝癌的发生率之间有不同程度的正相关，即食品中黄曲霉毒素含量越高、摄入黄曲霉毒素越多的地区，肝癌的发病率也越高。

（5）预防措施

预防食品的霉菌污染是预防的根本措施，其主要措施有：

①降低温度：粮食存放在低温处，可保持原色香味。目前各地多以小圆仓、地下仓、升降仓来保藏。可设置测定温度和湿度的仪器，根据空气温度、湿度变化情况，及时了

解粮食发热问题，及时采取措施，以防扩大。

②降低水分：在五谷收获后，首先应去掉多余水分，如在阳光下晾晒、风干、烤干或加吸湿剂（生石灰）、密封等。

③除氧：密封并填充惰性气体（N_2 或 CO_2），并加些生石灰在垛底或垛顶上。

④减少粮粒损伤，防止霉菌的侵入。

⑤培育抗霉品种。

⑥加化学药物：市场上抗真菌的化学药物很多，但效果均不明显，目前利用环氧乙烷进行粮食的杀霉，效果较为满意。

⑦加强田间管理。

去毒的主要措施有：

①剔除霉粒：挑选并剔除花生和玉米霉粒是较好的去毒方法，一粒霉花生可带 10^{-7}～10^{-6}mg 的黄曲霉毒素。

②碾压水洗：在日常生活中，对含少量黄曲霉毒素的米，可利用手搓，冲洗多次即可达到标准。

③油碱炼：根据黄曲霉毒素遇碱易破坏等化学特性，可利用甲基胺、NaOH 降低污染黄曲霉毒素的含量。

④物理吸附：利用白陶土或活性炭吸附，可使花生油中的黄曲霉毒素含量由 800 mg/L 降低至 20 mg/L，甚至 10 mg/L。

⑤紫外线去毒：利用紫外线照射破坏黄曲霉毒素。

（6）限制食品中黄曲霉毒素的含量

我国已制定多种食品中黄曲霉毒素的限量标准，以黄曲霉毒素 B_1 作标准的规定见表 1-1。

表 1-1 我国主要食品类中黄曲霉毒素 B_1 的限量标准

食品种类	黄曲霉毒素 B_1 的限量标准要求
玉米、花生、花生油	<20 μg/kg
玉米及花生仁制品	（按原料折算）<20 μg/kg
大米、其他食用油	<10 μg/kg

食品种类	黄曲霉毒素 B_1 的限量标准要求
其他粮食、豆类、发酵食品	＜5 μg/kg
婴儿代乳品	不得检出

国外有多个国家也制定了食品及饲料中黄曲霉毒素的限量标准或有关法规。加强监督监测，禁止生产、销售和食用黄曲霉毒素超标的食品，也是重要的预防措施。

3. 病毒

（1）病毒类型

①引起胃肠炎的病毒有柯萨奇病毒、轮状病毒、诺如病毒、小圆圈结构病毒等。在英国，可以检测到病毒的食源病毒性胃肠病中，由小圆圈结构病毒造成的占90%。其中毒症状为呕吐、腹痛、腹泻，该病毒在家庭或在餐饮场所经常会发生二次传染。诺如病毒也在英国、日本等国家引发了大规模的暴发，流行病学研究表明，均与生食牡蛎有一定的关联。

②肠道传播的肝炎病毒有甲、乙、丙、丁等类型，也有由禽流感病毒引起的。甲肝病毒是引起肝部疾病的一种病毒。其表现症状通常为不舒服，经常伴有呕吐症状，接着会出现黄疸。该种病毒在人的肠道中繁殖并转移到其他器官引起疾病，如中枢神经系统和肝脏。

（2）食源性病毒特征

①病毒的感染剂量很低，只需较少的病毒即可引起感染，这正是易发生二次感染的原因。

②从病毒感染者的粪便中可以排出大量病毒粒子。

③在环境中相当稳定，对酸普遍有耐受性。

④具有宿主特异性，即被感染的人是主要的传染源。

⑤传染性强。被污染的水（下水道中的污染物）或不卫生的操作（盥洗室卫生条件较差），也可导致食品污染，从而传染给人。

⑥需要特异活细胞才能繁殖，因此病毒不会在食品或水中增殖，但可以存活较久。用于消灭无孢子致病菌的热处理手段可使该类病毒失活。

4. 寄生虫

（1）存在于食品中的常见寄生虫种类

①蓝氏贾第鞭毛虫

蓝氏贾第鞭毛虫是导致世界范围内肠胃炎的最主要原生动物。其幼虫对人类和动物也是致病的，能感染一类以上的宿主。但幼虫生命周期的一部分是以包囊形式存在，从而使其在宿主体外冷湿环境下能生存很长时期，但在煮沸或冷冻条件下很容易杀死。

②阿米巴

阿米巴主要寄生于结肠内，引起阿米巴痢疾或阿米巴结肠炎。阿米巴痢疾也是肉足虫纲中最重要的致病种类，在一定条件下可扩延至肝、肺、脑、泌尿生殖系和其他部位，形成溃疡和脓肿。

③隐孢子虫

隐孢子虫是引起隐孢子虫病的其中一种病原寄生虫，主要寄生在哺乳动物的肠道，该寄生虫感染的主要途径是饮用了含隐孢子虫卵囊的水，作为水源性疾病的致病物质，对氯有较高的抗性，易通过食品进行传播。

④旋毛虫

旋毛虫幼虫寄生于肌纤维内，一般形成囊包，囊包呈柠檬状，内含一条略弯曲似螺旋状的幼虫。囊膜由两层结缔组织构成，外层甚薄，具有大量结缔组织；内层透明玻璃样，无细胞，主要寄存在肉制食品中。

⑤牛带绦虫

牛带绦虫曾称作肥胖带吻绦虫，又称牛肉绦虫或无钩绦虫等，在我国古籍中也被称作白虫或寸白虫。人是其唯一终宿主，孕卵节片随粪便排出后，被中间宿主黄牛、水牛等吞食，并在其体内形成囊尾蚴，人们进食不熟的带囊尾蚴的牛肉后受感染。

⑥管圆线虫

管圆线虫系动物寄生虫，最早由我国陈心陶教授于1933年在广东家鼠体内发现。

预防主要是不食用生的或半生的中间宿主或转续宿主，不生食蔬菜、水果，不饮生水。

（2）寄生虫的特点

①寄生虫在肉中不能繁殖。

②在食品中不进行复制。

③具有热敏性。

④某些种类对冷敏感，如异尖线虫。

⑤有些病原性寄生虫可通过食品或水进行传播。

（3）食源性寄生虫的预防

①生吃蔬菜和水果一定要清洗干净。

②不要喝生水，吃饭要吃煮熟的菜和肉。

③生熟案板要分清，预防交叉污染。

④尽量不生食海鲜，如果吃生鱼片，选择经过冷冻处理的鱼片。

5.昆虫、啮齿类动物

（1）昆虫

①昆虫的卵可能会通过直接附着的方式污染食品。

②昆虫破坏食品保护层后，给细菌、酵母和霉菌的侵害提供了可乘之机。

（2）啮齿动物

①啮齿动物食用食物时会污染食物，因其带有大量的腐败细菌。

②其排泄物中含有许多细菌，会污染食物。

③破坏食物保护层，给细菌、酵母和霉菌的侵害提供了可乘之机。

6.生物毒素

食品中的毒素是指生物毒素，包括动物毒素、植物毒素和微生物毒素。

从来源的角度讲，食品中的自然毒素被分成五个主要类别：霉菌毒素、细菌毒素、藻类毒素、植物毒素和动物毒素。前三种属于生物污染剂，生物污染剂是微生物分泌的有毒物质。它们或是直接在食品中形成，或是食物链迁移的结果。后两类是固有成分，对人和动物都有害。

（1）生物中的霉菌毒素

霉菌可以产生剧毒，在正常的情况下会诱发动物癌变，霉菌毒素是霉菌的第二代谢产物。

霉菌毒素主要是指霉菌在其所污染的食品中产生的有毒代谢产物，它们可通过饲料或食品进入人和动物体内，引起人和动物的急性或慢性毒性，损害机体的肝脏、肾脏、神经组织、造血组织及皮肤组织等。霉菌中毒主要有肢体坏死，白细胞缺乏症如口腔、食管和胃的坏死，败血症、特异质出血、骨髓的枯竭等症状。

霉菌毒素类型，按化学结构计算有400多种，但按类似毒性合并，常见的有：

①黄曲霉毒素；

②玉米赤霉烯酮/F-2毒素；

③赭曲毒素；

④T-2毒素；

⑤呕吐毒素/脱氧雪腐镰刀菌烯醇；

⑥伏马毒素/烟曲霉毒素（包括伏马毒素B_1、伏马毒素B_2、伏马毒素B_3）。

（2）藻类毒素

氮和磷等植物营养元素的污染可引起水体富营养化，导致有些藻类疯长，在多数富营养水体中，蓝藻数量多且为优势种，但也有部分湖泊中绿藻为优势种。淡水富营养化引起蓝藻（严格意义上应称为蓝细菌）、绿藻、硅藻等疯长而形成"水华"，使水体呈蓝色、绿色或其他颜色。形成"水华"的这些藻类可产生大量藻毒素使水源污染，藻毒素可通过消化道途径进入人体，引起腹泻、神经麻痹、肝损伤，严重者可发生中毒甚至死亡。

海藻在温带和热带海洋中会产生藻类毒素。藻类毒素是指一种由微小的单细胞藻类产生的毒性成分，它们通过水生环境的食物链进入鱼制品中。

藻类毒素的中毒症状有麻痹、腹泻、失忆、神经中毒等。最常见的引起中毒的海洋藻类毒素有贝毒和西加鱼毒素。贝毒又分成导致麻痹的毒素、导致腹泻的贝毒、导致失忆的贝毒以及导致神经中毒的毒素。西加鱼毒素长期积聚在长须鲸中。

藻类毒素通常对加工有抵制力，但经热处理的鱼和甲壳类可以食用。

（3）植物毒素

植物毒素的类型主要有生物碱糖苷、硫代葡萄糖苷、生氰糖苷、肼、吡咯双烷类生物碱和抗营养因子。

含天然有毒物质的植物有：

①含苷类物质，如苦杏仁、木薯、芦荟、皂荚、桔梗。

②含生物碱类植物，如烟草、颠茄。

③含酚类植物，如棉花等。

④含毒蛋白类植物，如相思豆（亦称红豆）、巴豆树种子。

⑤含内酯类和萜类植物，如川楝子、黄药子、艾叶。

⑥其他植物，如柿子、荔枝、蚕豆、瓜蒂、花粉、菠萝、灰菜。

（4）动物毒素

动物毒素的类型有生物碱、苷类、有毒蛋白和肽、组胺、河豚毒素。

含天然有毒物质的动物有：

①有毒鱼类，如河豚、肉毒鱼类。

②有毒贝类，如蛤类、鲍类、海兔类。

③有毒昆虫，如毒蛾、芫菁、隐翅虫等。

④其他动物，如毒蛇、有毒青蛙、有毒蜥蜴等。

（三）生物性危害的控制策略

食品中生物性危害因素的预防针对不同类型，可能有不同的策略，但按照生物性危害的特点，主要通过防和灭两种方式。

1. 防

勤洗手、讲卫生，优工艺、防污染。

2. 灭

彻底加热食物，杀死危害生物。

总之，生物性危害的预防控制措施，主要靠改变饮食习惯或充分加热，防止二次污染或交叉污染，以及良好的个人卫生习惯来控制；再者，通过原料生产区域的划分、原料收购等环节的控制也能达到一定的效果。

三、食品安全的化学性危害

（一）化学性危害的定义

食品中的化学性危害是指有毒的化学物质污染食物而引起的危害。常见的化学性危害有重金属、自然毒素、农用化学药物、洗消剂及其他化学性危害。食品中的化学性危害可能对人体造成急性中毒、慢性中毒、过敏、影响身体发育、影响生育、致癌、致畸、致死等后果。化学性危害主要来自食品本身或由外界带入，一般分为三类，即天然存在的化学性危害、有意加入的化学物质、外部或偶然引入的化学物。

（二）主要化学性危害及其控制策略

1. 农药残留

农药是指用于防止农林牧业生产中的有害生物和调节植物生长的人工合成或天然产物。农药的使用可以有效防治作物虫害、杂草、疾病、鼠害，保证农业稳产、高产，满足人们对农副产品的需求。

（1）农药分类

①按来源分：

A. 有机合成农药：指由人工研制合成，并由有机化学工业生产的一类农药。其特点是毒性大，如有机氯、有机磷、氨基甲酸酯等。

B. 生物源农药：指直接用生物活体或生物代谢过程中产生的具有生物流行性的物质或从生物体提取的物质作为防治病虫草害的农药，包括微生物农药、动物源农药、植物源农药。

C. 矿物源农药：其有效成分源于矿物的无机化合物和石油类农药，包括硫制剂、矿物油乳剂等。

②按用途分，可分为杀虫剂、杀螨剂、杀真菌剂、杀细菌剂、杀线虫剂、杀鼠剂、

除草剂、杀螺剂、熏蒸剂和植物生长调节剂等。

（2）环境中农药的残留

农药残留是指农药使用后一个时期内没有被分解而残留于生物体、收获物、土壤、水源、大气中的微量农药原体、有毒代谢物、降解物和杂质的总称。残存的数量称为农药残留量。环境中农药的来源主要是工业生产和农业生产（直接喷洒到虫子上的农药不到1%，10%～20%洒到植物上，其余进入环境）。

（3）农药残留污染食品的途径

①施用农药对农作物的直接污染。施用农药的农作物，农药的代谢需要一定的周期，没有经过"休药期"间隔的农作物，会存在较大的危害。

②农作物从污染的环境中吸收农药。喷洒的农药40%～60%降落在地面污染土壤，集中在耕作层，由植物的根部吸收至组织内部，其吸收的多少与土壤中的残留量有关，与植物种类有关（块茎、豆类吸收多）。"工业三废"的排放污染环境，植物从环境中吸收。

③农药在生物体内富集与食物链污染：

A.水体污染通过食物链和生物富集作用污染水产品等。

B.饲料受农药污染而致肉、蛋、乳的污染。

C.某些农药对某些组织器官具有亲和力，如脂溶性农药（有机氯农药等）造成蓄积作用。

④其他来源。熏蒸、食品包装及运输过程中食品与农药混放等造成食品的农药污染。另外，还有误食农药。

2.兽药残留

（1）兽药残留的定义

兽药残留是指动物产品的任何可食部分所含兽药的母体化合物及（或）其代谢物，以及与兽药有关的杂质。影响食品安全的主要兽药类型有以下几类：

①抗生素类。抗生素除了预防和治疗疾病外，还可促进动物生长、提高饲料转化率、提高动物产品的品质、减轻动物的粪臭、改善饲料环境等。常用抗生素有青霉素类、四环素类杆菌肽、庆大霉素、链霉素等。

②磺胺类，如磺胺嘧啶、磺胺甲基嘧啶、磺胺二甲嘧啶及磺胺醋酰等。

③激素类。

其按化学结构可分为：

固醇或类固醇：如肾上腺皮质激素、雄性激素、雌性激素等；

多肽或多肽衍生物：如垂体激素、甲状腺素、甲状旁腺素、胰岛素、肾上腺素等。按来源可分为天然激素和人工激素。

④其他兽药，如渔用药品、蚕用药品、蜂用药品等。

（2）兽药残留的原因

①兽药使用不当：在用药剂量、用药部位、给药途径和用药动物的种类等方面不符合用药规定，从而造成药物残留在体内，并使之存留时间延长，以致需要增加休药期，才能有效消除其对人体的不良影响。

②休药期的规定没有得到严格遵守：畜禽屠宰前或畜禽产品出售前需停药，不仅针对兽药也适用于药物添加剂，通常规定的休药期为4～7 d。

③随意加大药物用量或把治疗药物当成添加剂使用：在使用兽药过程中，为了盲目追求用药效果，不遵守药物剂量，随意加大药物使用量。

④滥用药物：药物滥用是指反复、大量地使用具有依赖性特性或依赖性潜力的药物。

⑤兽药意外污染了正在加工、运输的饲料。

（3）兽药残留的危害

①毒性作用：长期食用兽药残留超标的食品后，当体内蓄积的药物浓度达到一定量时会产生多种急慢性中毒，甚至产生致癌、致畸、致突变作用。

②细菌耐药性：易诱导耐药菌株，引起人类和动物细菌感染性疾病治疗效果下降甚至失败。

③菌群失调：人食用含抗菌剂残留的动物性食品后，可能干扰人肠道内正常菌群和直接诱导产生耐药菌株，造成人体内菌群的平衡失调，从而导致长期腹泻或引起维生素的缺乏等反应，损害人类健康。

④激素副作用：食用动物的肝、肾以及注射或埋植部位常有大量外源同化激素残留，被人食用后可产生一系列激素样作用，如潜在致癌性、发育毒性（儿童早熟）及女性男性化或男性女性化现象。

⑤过敏反应：许多抗菌药物如青霉素、四环素类、磺胺类和氨基糖苷类等能使部分

人群发生过敏反应甚至休克，并在短时间内出现血压下降、皮疹、喉头水肿、呼吸困难等严重症状。

⑥生态环境毒性：兽药及其代谢产物通过动物和人的排泄系统进入环境中，对生态环境产生影响。

3.食品添加剂的危害

（1）食品添加剂的安全隐患

总结起来，食品添加剂的安全性隐患主要有：

①过敏反应：焦油色素以及苯甲酸等保鲜剂都会引发荨麻疹；漂白剂、防腐剂、染色剂等很容易导致荨麻疹、哮喘以及过敏性皮炎等；有时候，食品添加剂像是一种催化剂，使人体处于易过敏状态之下，导致化学物质过敏症。

②食品添加剂还与癌症有关：例如，我们使用的人工合成色素多数是从煤焦油中制取，或以苯、甲苯、萘等芳香烃化合物为原料合成的，这些着色剂多属偶氮化合物，在体内转化为芳香胺，经 N-羟化和酯化易与大分子亲核中心结合而形成致癌物，因而具有致癌性。

③食品添加剂还有可能成为环境激素，从而引起人体内分泌失调。

（2）食品添加剂的正确认识和使用

食品添加剂的正确认识主要从三个方面看：

①不能抛开剂量谈安全。无论是天然还是合成的化学物质，呈现某种效应（加工功效、药效、慢性毒性、急性毒性、致命等）都有一个相应的剂量关系，只有达到某一剂量才能起作用。只指出某化学物质的毒性并不能说明问题，必须同时指出其对人体呈现效应时的剂量，也就是说毒性和安全性是和量相关的。

②不能抛开人群谈安全。人体有一定的自我保护能力，即对一些毒物有一定的化毒解毒能力，或将毒物在体内化解，或将毒物排出体外；不能排解的毒物微量积累到一定剂量时会造成慢性中毒。由于不同的人群身体素质不同，其安全性也不同，但在评估食品安全的过程中，需要综合考虑，给予安全系数。因此，在评估食品添加剂安全时，一般采用 ADI 值来表示，ADI 值定义为：依据人体体重，终身摄入一种食品添加剂而无显著健康危害的每日允许摄入量的估计值，它是国内外评价食品添加剂安全性的首要和最终依据。

③食品添加剂的安全性取决于它本身毒性的大小（即安全性的高低）、产品质量标准、使用范围与用量。

4.有毒重金属元素

密度在 $4.0\,g/cm^3$ 以上的金属统称为重金属。重金属对机体损害的一般机制是与蛋白质、酶结合成不溶性盐而使蛋白质变性，当人体的功能性蛋白，如酶类、免疫性蛋白等变性失活时，对人体的损伤极大，严重者可致死亡。食品中毒中常见的有毒元素有：汞、铅、砷、镉。有毒元素主要来源于自然环境、食品生产加工、农用化学物质及工业"三废"的污染。

（1）有毒金属污染食品的途径

①某些地区特殊自然环境中的高本底含量。

②由于人为环境污染而造成的有毒有害金属对食品的污染。

③食品加工、运输、储存中的污染，如机械、容器、管道、添加剂等。

（2）有毒元素在人体内引起中毒的因素

有毒元素经消化道吸收，通过血液分布于体内组织和脏器，部分转变成具有较高毒性的化合物形式。多数有毒元素在体内有蓄积性，能产生急性和慢性毒性反应，还有可能产生致畸、致癌和致突变作用，主要表现在：

①阻断了生物分子表现活性所必需的功能基，如 Hg^{2+}、Ag^+ 与酶半胱氨酸残基的巯基结合。半胱氨酸的巯基是许多酶的催化活性部位，当结合重金属时，就抑制了酶的催化活性。

②置换了生物分子中必需的金属离子，如 Be^{2+} 可以取代 Mg^{2+} 激活酶中的 Mg^{2+}，由于 Be^{2+} 与酶结合的强度比 Mg^{2+} 大，因而可阻断酶的活性。

③改变生物分子构象或高级结构。

以下情况会影响金属毒性作用强度：

A.金属元素存在的方式。

B.机体健康营养状况以及食物中某些营养素的含量和平衡情况。

C.金属元素间或金属元素与非金属元素的相互作用。

（3）食品中有害金属污染的毒性作用特点

①强蓄积性：

有害金属进入人体后，排出体外非常缓慢，生物半衰期较长，如铅的生物半衰期为 4 年左右。

②生物链的富集作用：

有害金属可以通过食物链富集的方式，不断在生物体或者人体中积累，从而达到很高的浓度。例如：鲨鱼处于海洋食物链的顶端，其体内的重金属含量比生活的海洋环境要高出很多倍。

③对人体的危害：

以慢性中毒和远期效应为主。

（4）影响有毒有害金属作用强度的因素

①金属元素的存在形式。以有机形式存在的金属及水溶性搅打的金属盐类，其消化道吸收较多，通常毒性较大。但是有些相反，例如有机的砷没有毒性，而无机砷有剧毒。

②机体的健康和营养状况及食物中某些营养素的含量和平衡情况。

③金属元素之间或金属与非金属之间的相互作用。

（5）预防有害金属污染食品的方法

①消除污染源。

②制定各类食品中有毒有害金属元素的最高允许限量标准，加强监督检测工作。

③妥善保管有毒有害金属及其化合物，防止误食误用。

④对已经污染的食品进行处理。

5.N-亚硝基化合物的危害

（1）N-亚硝基化合物的形成机制

挪威曾经有羊、水貂因食用了带有亚硝酸盐的鱼粉饲料而得了肝病，并大量死亡，从而引起了大家对 N-亚硝基化合物的研究。N-亚硝基化合物是亚硝胺和亚硝酸胺的统称，具有强致癌性。亚硝胺在中性和碱性环境中稳定，酸性和紫外线照射下可缓慢裂解，亚硝酸胺在酸碱下均不稳定。

N-亚硝基化合物可以在加工和干燥过程中形成，也可以在体内合成。合成的前体物质为：①硝酸盐与亚硝酸盐；②胺类物质。如果是鱼肉不新鲜，蛋白质腐败会产生胺类物质，这些胺类物质经亚硝化作用加速生成亚硝胺。

许多食物中都含有硝酸盐、亚硝酸盐，如果蔬吸收土壤中的氮元素，在一定环境下形成硝酸盐和亚硝酸盐；鱼、肉等动物性食品在腌制过程中，硝酸盐可被还原为亚硝酸盐；与此同时，在食品工业中，亚硝酸盐作为防腐剂和发色剂，主要是肉类罐头如午餐肉，其用量都应按食品安全国家标准，如过量会造成对食品的污染。N-亚硝基化合物合成反应机制为：亚硝酸盐在酸性环境下发生反应，形成 N_2O_2，随后仲胺与 N_2O_2 反应形成 N-亚硝基化合物。

影响合成因素：pH<3 适宜，有一定的反应物浓度，催化剂（大肠杆菌、黄曲霉）存在会促进反应的发生。可能是胃、口腔、膀胱、尿道，同时也可以是食品加工条件适宜时合成，如高温。

（2）N-亚硝基化合物的致癌性

①可通过多种途径进入人体（呼吸道、消化道、皮肤接触等）引起肿瘤，具有剂量效应关系。

②不管是一次冲击量还是少量多次给予动物，均可诱发肿瘤。

③可使多种动物罹患肿瘤，到目前为止，还没有发现有一种动物对其有抵抗力。

④可通过胎盘使子代动物致癌，甚至影响到第三代和第四代；有研究显示，N-亚硝基化合物可以通过乳汁使子代发生肿瘤。

致癌的机制比较复杂，亚硝酸盐和硝酸盐并不完全相同。N-亚硝基化合物还具有致畸作用和致突变作用。

（3）N-亚硝基化合物的预防措施

减少前体物的摄入量。主要有以下四种途径：

①控制食品加工中的硝酸盐和亚硝酸盐的添加量。

②尽量食用新鲜的蔬菜。

③防止食物霉变以及其他微生物污染。

④改进食品加工工艺。

减少 N-亚硝基化合物的摄入量。人体接触的 N-亚硝基化合物有 70%～90%是在体内自己合成的，可多食用能阻断 N-亚硝基化合物合成的食品，如富含维生素 C、维生素 E

及一些含多酚类物质的食品。

6. 多环芳烃类化合物与杂环胺化合物

多环芳烃类化合物与杂环胺化合物是食品污染物质中具有致癌作用的化合物。

（1）苯并（a）芘

苯并（a）芘是由 5 个苯环构成的多环芳烃，水中溶解度仅 0.5～6 μg/L；稍溶于甲醇与乙醇，溶于苯、甲苯、二甲苯等；性质比较稳定。能被带正电荷的吸附剂（活性炭、木炭或氢氧化铁）吸附。已被各种动物试验证实具有致癌性与致突变性。主要是各种有机物如煤、柴油、汽油、香烟等不完全燃烧产生的。

食品通过以下途径受到污染：

①食品在烘烤或熏制过程中的直接污染。

②食品成分烹调加工时高温裂解或热聚合而成。

③植物性食物可吸收土壤、水体污染的多环芳烃，大气浮尘的直接污染。

④食品加工过程中受机油污染或食品包装材料的污染。

⑤某些植物、微生物可合成微量的多环芳烃。

流行病学调查表明，苯并（a）芘的含量与癌症发病率有关。有些国家和地区居民喜欢吃熏制食品，特别是熏肉制品，因此癌症发病率高，特别是胃癌。研究发现，用熏肉喂大鼠，可诱发恶性肿瘤。

苯并（a）芘在体内吸收快，很快入血并分布全身，通过混合功能氧化酶系中的芳烃羟化酶作用，代谢活化为多环芳烃环氧化酶，与 DNA、RNA 和蛋白质大分子结合而呈现致癌作用，成为终致癌物。如果进一步代谢，一部分苯并（a）芘形成羟基化合物，最后与葡萄糖醛酸、谷胱甘肽、硫酸结合从尿排出。

因此，应该防止污染，改进食品烹调方法，也可通过吸附、日光暴晒等手段减少风险。

（2）杂环胺化合物

杂环胺化合物是蛋白质食物（动物食品）在高温（＞190 ℃）下使蛋白质中的色氨酸、谷氨酸发生裂解而产生。近年来对杂环胺的研究表明，杂环胺对啮齿类动物均具有不同程度的致癌性，活化后则具有致突变性，有些甚至较黄曲霉毒素 B_1 还强。杂环胺环上的氨基在体内代谢成 N-羟基化合物，是致癌、致突变的活性物质。

有人对杂环胺接触的安全性评价方面作过比较，在正常家用温度下对肉类进行充分烹调（但勿变焦、变糊），可产生致突变物。对不同烹调方法进行比较时，发现对肉进行油炸、煨炖及微波烹调产生的致突变物水平高，而肌酸、肌苷存在的肌肉组织中检出量高，说明杂环胺与肌酸、肌苷有关，故在鱼、肉、鸡中能检出，而植物性食品（豆制品）未检出。

在烹调的肉类和鱼类中发现的杂环胺化合物主要有氨基咪唑并喹啉、氨基咪唑并喹恶啉等，这多是在高温下由肌酸、肌酐和某些氨基酸和糖形成的。

杂环胺化合物已经被证实对动物有致癌性与致畸性。一些食物可对其毒性有抑制或破坏作用，如新鲜蔬菜中的色素、维生素 C 等，不饱和脂肪酸如油酸、亚油酸。

第二章　食品检验的一般技术

第一节　食品感官检验技术

一、食品感官检验概述

食品感官检验就是凭借人体自身的感觉器官，即凭借眼、耳、鼻、口和手等，对食品的质量状况和卫生状况作出客观评价的方法。也就是通过用眼睛看、用鼻子嗅、用耳朵听、用口品尝和用手触摸等方式，对食品的色、香、味、形等进行综合性的鉴别和评价。

食品质量的优劣最直接地表现在它的感官性状上，通过感官指标的鉴别，即可直接判断出食品质量的优劣。对于感官指标不合格的产品，例如食品出现变色、变味、沉淀、浑浊等现象，不需要再进行其他理化检验，即可直接判定为不合格产品。

二、食品感官检验的特点及意义

食品感官检验是食品质量检验的重要方法之一，它快速、灵敏、简便、易行。

首先，感官检验方法常能够察觉其他检验方法所无法鉴别的食品质量微量变化及特殊性污染。感官检验不仅能直接发现食品感官性状在宏观上出现的异常现象，而且当食品感官性状发生微观变化时也能很敏锐地察觉到。尤其重要的是，当食品感官性状只发生微小变化，甚至这种变化轻微到用仪器都难以准确发现时，通过人的感觉器官，则能给予应有的鉴别。

其次，感官检验方法直观，手段简便，不需要借助任何仪器设备和专用、固定的检验场所以及专业人员。食品感官检验既可以在实验室进行，又可以在购物现场进行，还可以在评比、鉴定会场合进行。由于它的简便易行、可靠性高、实用性强，目前在国际上已被普遍承认和使用，并已日益广泛地应用于食品质量检验的实践中。

通过对食品感官性状的综合性检验，可以及时、准确地检验出食品质量有无异常，便于早期发现问题，及时进行处理，避免对人体健康和生命安全造成损害。因此，食品感官检验有着理化检验和微生物检验所不能替代的优越性。在食品的质量标准和卫生标准中，感官检验常作为第一项检验内容。

食品感官检验能否真实、准确地反映客观事物的本质，除了与人体感觉器官的健全程度和灵敏程度有关外，还与人们对客观事物的认识能力有直接的关系。只有当人体的感觉器官正常，又熟悉有关食品质量的基本常识时，才能比较准确地鉴别出食品质量的优劣。

由于食品的感官性状变化程度很难具体衡量，也由于检验者的客观条件不同及主观态度各异，尤其在对食品感官性状的鉴别判断有争议时，往往难以下结论。因此，在需要借助感官鉴别的方法来裁定食品质量的优劣时，通常邀请对食品的性状熟悉、感觉器官正常、无不良嗜好、有鉴别经验的人员进行鉴别，以减少个人的主观性和片面性。而对食品质量的评价，在感官性状不能做出判断时，则需要结合理化和微生物的检验方法来确定。

三、人体感觉器官在食品鉴别中的作用

（一）视觉在鉴别中的作用

自然光是由不同波长的光组成的。肉眼能见到的光，其波长通常为 380 ～ 780 nm，在这个波长区域里的光叫作可见光。小于 380 nm 和大于 780 nm 区域的光是肉眼看不到的光，称为不可见光。

在可见光区域内，不同波长的光的颜色是不同的。平常所见的白光（日光、白炽灯光等）是一种复合光，它是由各种颜色的光按一定比例混合而成的。利用棱镜等分光器可将它分解成红、橙、黄、绿、蓝、靛、紫等不同颜色的单色光。白光除了可由所有波长的可见光复合得到外，还可由适当的两种颜色的光按一定比例复合得到。能复合成白光的两种颜色的光叫互补色光。

当白光照射到物质上时，物质会对白光中某些颜色的光产生选择性吸收，从而显示出一定的颜色。物质所显示的颜色是吸收光的互补色。

不同种类的食品中含有不同的有机物，这些有机物又吸收了不同波长的光，因此，不同的食品显现出不同的颜色，如菠菜的绿色、苹果的红色、胡萝卜的橙红色等。

食品的色泽是构成食品感官质量的一个重要因素。明度、色调、饱和度是识别每一种色泽的三个指标。判定食品的质量也可从这三个基本属性来全面地衡量和比较，这样才能准确地判断和鉴别出食品的质量优劣。

（1）明度：颜色的明暗程度。物体表面的光反射率越高，它的明度也越高。人们常说的光泽好，也就是说明度较高。新鲜的食品常具有较高的明度，明度的降低往往意味着食品的不新鲜。例如食品变质时，食品的色泽常发暗甚至变黑。

（2）色调：红、橙、黄、绿等不同的颜色，以及如黄绿、蓝绿等许多中间色，它们是由于食品分支结构中所含色团对不同波长的光线进行选择性吸收而形成的。色调对于食品的颜色起着决定性的作用，由于人眼的视觉对色调的变化较为敏感，色调稍微改变对颜色的影响就会很大，有时可以说完全破坏了食品的商品价值和实用价值（如菠菜发黄）。色调的改变可以用语言或其他方式恰如其分地表达出来（如食品的褪色或变色），这说明颜色在食品的感官鉴别中有很重要的意义。

（3）饱和度：颜色的深浅、浓淡程度，也就是某种颜色色调的显著程度。当物体对光谱中某一较窄范围波长的光的反射率很低或根本没有反射时，表明它具有很高的选择性，这种颜色的饱和度就高。

食品的外观形态和色泽对于评价食品的新鲜程度、食品是否有不良改变以及蔬菜、水果的成熟度等有着重要意义。视觉鉴别应在白昼的散射光线下进行，以免因灯光隐色而产生错觉。鉴别时应注意整体外观、大小、形态、块形的完整程度、清洁程度，表面有无光泽、颜色的深浅色调等。在鉴别液态食品时，要将它注入无色的玻璃器皿中，透过光线来观察；也可将瓶子颠倒过来，观察其中有无夹杂物下沉或絮状物悬浮。

（二）嗅觉在鉴别中的作用

食品本身所固有的、独特的气味，即食品的正常气味。嗅觉是指食品中含有挥发性物质的微粒子浮游于空气中，经鼻孔刺激嗅觉神经所引起的感觉。人的嗅觉比较复杂，亦很敏感。同样的气味，因个人的嗅觉反应不同，故感受喜爱与厌恶的程度也不同，同时嗅觉易受周围环境的影响，如温度、湿度、气压等对嗅觉的敏感度都具有一定的影响。人的嗅觉适应性特别强，即对一种气味较长时间的刺激很容易适应。但在适应了某种气味之后，对于其他气味仍很敏感，这是嗅觉的特点。

食品的气味，大体上由以下途径形成：

（1）生物合成：食品本身在生长和成熟的过程中，直接通过生物合成的途径形成香味成分并表现出香味。例如香蕉、苹果、梨等水果香味的形成，是典型的生物合成产生的，不需要任何外界条件。本来水果在生长期不显现香味，成熟过程中体内的一些化学物质发生变化，产生香味物质，使成熟后的水果逐渐显现出水果香。

（2）直接酶作用：酶直接作用于香味前体物质，形成香味成分，表现出香味。例如当蒜的组织被破坏以后，其中的蒜酶将蒜氨酸分解而产生气味。

（3）氧化作用：也可以称为间接酶作用，即在酶的作用下生成氧化剂，氧化剂再使香味前体物质氧化，生成香味成分，表现出香味。如红茶的浓郁香气就是通过这种途径形成的。

（4）高温分解或发酵作用：通过加热或烘烤等处理，使食品原来存在的香味前体物质分解而产生香味成分。例如芝麻、花生在加热后可产生诱人食欲的香味。发酵也是食品产生香味的重要途径，如酱中的许多香味物质都是通过发酵而产生的。

（5）添加香料：为保证和提高食品的感官品质，引起人的食欲，在食品本身没有香味、香味较弱或者在加工过程中部分香味丧失的情况下，为了补充和完善食品的香味，可有意识地在食品中添加所需要的香料。

（6）腐败变质：食品在贮藏、运输或加工过程中，会因发生腐败变质或污染而产生一些不良的气味。这在进行感官检验时尤其重要，应认真仔细地加以分析。

人的嗅觉器官相当敏感，甚至用仪器分析的方法也不一定能检查出来极轻微的变化，用嗅觉鉴别却能够发现。当食品发生轻微的腐败变质时，就会有不同的异味产生。如核桃的核仁变质所产生的酸败而有哈喇味，西瓜变质会带有馊味等。食品的气味是一些具有挥发性的物质形成的，所以在进行嗅觉鉴别时常需稍稍加热，但最好是在 15 ℃～25 ℃的常温下进行，因为食品中的气味挥发性物质常随温度的高低而增减。在鉴别食品时，液态食品可滴在清洁的手掌上摩擦，以增加气味的挥发；识别畜肉等大块食品时，可将一把尖刀稍微加热刺入深部，拔出后立即嗅闻气味。

食品气味鉴别的顺序应当是先识别气味淡的，后鉴别气味浓的，以免影响嗅觉的灵敏度。在鉴别前禁止吸烟。

（三）味觉在鉴别中的作用

因为食品中的可溶性物质溶于唾液或液态食品直接刺激舌面的味觉神经，才发生味觉。当对某食品中的滋味发生好感时，则各种消化液分泌旺盛而食欲增加。味觉神经在舌面的分布并不均匀。舌的两侧边缘是普通酸味的敏感区，舌根对苦味较敏感，舌尖对甜味和咸味较敏感，但这些都不是绝对的，在感官评价食品的品质时应通过舌的全面品尝方可决定。

影响味觉的因素：呈味物质的水溶性、呈味物质的化学结构和光学性质温度，以及检验人员的性别、年龄、身体状况、饥饿状态等。味觉与温度有较大关系，一般在 10 ℃～45 ℃范围内较适宜，尤其在 30 ℃时较为敏锐。随着温度的降低，各种味觉都会减弱，尤以苦味最为明显，而温度升高又会发生同样的减弱。

在对食品进行感官鉴别其质量时，常将滋味分类为甜、酸、咸、苦、辣、涩、浓、淡、碱味及不正常味等。

味道与呈味物质的组合以及人的心理也有微妙的相互关系。有些味道之间有相互增强的作用，如味精的鲜味在有食盐时尤其显著，是咸味对味精的鲜味起增强作用的结果。另外还有与此相反的削减作用，如食盐和砂糖以相当的浓度混合，则砂糖的甜味会明显减弱甚至消失。当尝过食盐后，随即饮用无味的水，也会感到有些甜味，这是味道的变调现象。另外还有味道的相乘作用，例如在味精中加入一些核苷酸时，会使鲜味有所增强。

感官检验中的味觉对于辨别食品品质的优劣是非常重要的一环。味觉器官不但能品尝到食品的滋味如何，而且对于食品中极轻微的变化也能敏感地察觉到。做好的米饭存放到尚未变馊时，其味道即有相应的改变。味觉器官的敏感性与食品的温度有关，在进行食品的滋味鉴别时，最好使食品温度处在 20 ℃～45 ℃，以免温度的变化会增强或减低对味觉器官的刺激。几种不同味道的食品在进行感官评价时，应当按照刺激性由弱到强的顺序，最后鉴别味道强烈的食品。在进行大量样品鉴别时，中间必须休息，每鉴别一种食品之后必须用温水漱口。

（四）触觉在鉴别中的作用

皮肤的感觉称为触觉。触觉的感官检验是通过人的手、皮肤表面接触物体时所产生的感觉来分辨、判断产品质量特性的一种感官检验。

触觉感受器在皮肤内的分布不均匀，手指尖的敏感性最强。皮肤冷点多于温点，人对冷的敏感性高。

凭借触觉来鉴别食品的膨、松、软、硬、弹性和稠度，以评价食品品质的优劣，也是常用的感官检验方法之一。例如，检验肉与肉制品时，摸它的弹力，常常可以判断肉是否新鲜或腐败；检验蜂蜜要摸它的稠度；检验谷类时，可抓起一把评价它的水分、颗粒是否饱满等。在感官测定食品硬度（稠度）时，要求温度应在 15 ℃～20 ℃，因为温度的升降会影响到食品状态的改变。

（五）听觉在鉴别中的作用

人耳对一个声音的强度或频率的微小变化是很敏感的。利用听觉进行感官检验的应用范围十分广泛。

食品的质感特别是咀嚼食品时发出的声音，在决定食品可接受性和质量方面具有重要的作用。比如，焙烤食品中的酥脆饼干和其他一些膨化食品，在咀嚼时应该发出特有的声响。在一些特定的产品感官检验中，例如罐制品和蛋及蛋制品通过敲打或摇动，听其发出的声音可以判断其质量。声音对食欲也有一定的影响。

在进行食品听觉鉴别时应避开噪声，保证安静状态，如实验期间禁止在实验区及其附近区域谈话，禁止在实验区装电话等。

四、食品感官检验的影响因素

1.食品本身。食品本身具有一定的物理特性，诸如颜色、气味、形状等，这些物理因素会对人的心理产生一定的影响，从而会使评判结果存在一定的差异性。

2.检验人员的动机和心态。人都存在一定的感性心理，如果检验人员对工作认真负责，检测结果会比较真实；如果检测人员未能对工作认真负责，往往会影响到检验结果的真实性。

3.检验人员的习惯。检测人员的饮食习惯，会对食物感官检测产生一定的影响。随年龄增长，感觉阈值升高，敏感程度下降，不同年龄阶段味蕾的数量也不同。

4.检验形式。感官检验存在不同的形式，主要有分析型和嗜好型两大类。这两类检测都具有各自不同的检测方法，人们针对不同的检测方式产生了不同的心理，因此在检验中可以选择适合的检验形式来进行检验。

5.提示误差。在食品检测过程中，检测人员之间可以通过面部的表情、声音等因素来进行相互提示，从而会使评判结果出现误差。

五、食品感官检验对检验员的基本要求

1.进行食品感官检验的人员，必须具有健康的体魄、良好的精神素质，无不良嗜好、偏食和变态性反应，并应具有丰富的专业知识和感官鉴别经验。

2.检验人员自身的感觉器官性能良好，对色、香、味的变化有较强的分辨力和较高的灵敏度。

3.对本职工作要有兴趣、爱好，无任何偏见，具有实事求是、认真的工作态度。如果有偏见就会失去食品感官检验工作的意义，可能会造成不良的后果。

六、食品感官检验的方法

食品感官检验是建立在人的感官感觉基础上的统计分析法，它集统计学、生理学、心理学和食品科学于一体。随着科学技术的发展和进步，感官检验方法的应用也越来越广泛。目前，根据作用不同，感官检验分为分析型感官检验和偏爱型感官检验两大类型。分析型感官检验是把人的感觉器官作为一种检验测量的工具，来评定样品的质量特性或鉴别多个样品之间的差异等。偏爱型感官检验与分析型感官检验正好相反，它是以食品为工具，来了解人的感官反应及倾向。

在食品的质量检验及产品评优中，运用的是分析型感官检验，一种是描述产品，另一种是区分两种或多种产品，区分的内容有确定差别、确定差别的大小、确定差别的影响等，主要分为差别检验法、标度与类别检验法、描述性检验法三类。

（一）差别检验法

差别检验法是对两种样品进行比较的检验方法，用于确定两种产品之间是否存在感官特性差别。属于这种方法的有：成对比较检验、三点检验和"A"-"非A"检验等。

1.成对比较检验

成对比较检验按 GB/T 12310—2012《感官分析方法 成对比较检验》执行。此标准规定了用于检验两个产品间感官特性差别的方法，适用于定向差别检验、偏爱检验以及培训检验员。

方法提要：向评价员提供一对样品，其中一个可作为参照物，感官检验后，评价员描述自我感觉，并说明检验结果。

2.三点检验

三点检验按 GB/T 12311—2012《感官分析方法 三点检验》执行。此标准规定了用三点比较的方法来鉴别两个产品之间的差别，适用于鉴别样品间的细微差别，也可以用于选择和培训评价员或者检查评价员的能力。

方法提要：同时向评价员提供一组三个样品，其中两个是完全相同的，评价员挑出单个的样品。

3."A"-"非A"检验

"A"-"非A"检验按GB/T 39558—2020《感官分析 方法学"A"-"非A"检验》执行。此标准适用于确定因原料、加工、处理、包装和贮藏等各环节的不同而造成的产品感官特性的差异。特别适用于评价具有不同外观或气味的样品。

方法提要:以随机的顺序分发给评价员一系列样品,其中有的是样品"A",有的是"非A",所有的"非A"样品比较的主要特性指标应相同,但外观等非主要特性指标可以稍有差异。"非A"样品也可以包括"(非A)₁"和"(非A)₂"等。要求评价员识别每个样品是"A"还是"非A"。

另外,差别检验法还有"二·三点检验""五中取二"检验。

(二)标度与类别检验法

标度与类别检验法用于估计产品的差别程度、类别和等级,是将感官体验进行量化最常用的方法,按照从简单到复杂的顺序,有分类法、评分法、排序法、标度法四种。

1.分类法

分类法是将产品按规定的标准分为若干类的方法。例如将产品分为合格和不合格两类。

2.评分法

评分法是经常使用的一种感官检验方法。既可用于优劣程度的评价,也可用于合格性评价。评分法可以采用10分制、100分制或其他等级分制。对同一产品的若干项质量特性进行综合评价时,可按各质量特性的重要性程度分别赋予权数,进行综合评分,称为加权评分法。

评分法一般由专业的评价员按一定的尺度进行评分,经常用评分来评价的商品有咖啡、茶叶、调味品、奶油、鱼、肉等,例如茶叶按GB/T23776—2018《茶叶感官审评方法》执行。

3.排序法

排序法按GB/T 12315—2008《感官分析 方法学 排序法》执行。此标准适用于评价样品间的差异,如样品某一种或多种感官特性的强度,或者评价员对样品的整体印象。

该方法可用于辨别样品间是否存在差异，但不能确定样品间差异的程度。

方法提要：评价员同时接受3个或3个以上的样品，排列顺序是随机的。评价员按照规定的准则，对样品进行排序，给出每个样品的序位，即秩。秩既可按照某个属性或特性给出，也可按整体印象给出综合秩。计算秩的和（秩和），然后进行统计比较（检验）。

当评价少量样品（6个以下）的复杂特性或多数样品（20个以上）的外观时，此法迅速有效。例如，将冰激凌按照口感好到坏的顺序进行排列，将酸奶按照感官酸度进行排序，将早餐饼按照喜好程度进行排序。

4. 标度法

标度法既使用数字来表达样品性质的强度（甜度、硬度、柔软度），又使用词汇来表达对该性质的感受（太软、正合适、太硬）。如果使用词汇，应该将该词汇和数字对应起来。例如：非常喜欢=9，非常不喜欢=1，这样就可以将这些数据进行统计分析。常用的标度方法有类项标度法、线性标度法和量值评估标度法三种。

（三）描述性检验法

描述性检验是对一个或更多个样品提供定性、定量描述的感官评价方法。它是一种全面的感官分析方法，所有的感官都要参与描述活动，如视觉、听觉、嗅觉、味觉等，其评价可以是全面的，也可以是部分的，例如对茶饮料的评价可以是食用之前、食用之中和食用之后的所有阶段，也可以侧重某一阶段。

属于描述性检验的主要有两种：一是简单描述检验；二是定量描述和感官剖面检验。

感官剖面检验有风味剖面检验，按GB 12313—1990《感官分析方法 风味剖面检验》执行。此标准规定了一套描述和评估食品产品风味的方法，适用于：

（1）新产品的研制和开发；

（2）鉴别产品间的差别；

（3）质量控制；

（4）为仪器检验提供感官数据；

（5）提供产品特征的永久记录；

（6）监测产品在贮存期间的变化。

本方法基于下述概念：产品的风味是由可识别的味觉和嗅觉特性，以及不能单独识别特性的复合体两部分组成。本方法用可再现的方式描述和评估产品风味。鉴别形成产品综合印象的各种风味特性，评估其强度，从而建立一个描述产品风味的方法。

七、应用感官手段来鉴别食品质量

作为检验食品质量的方法，感官检验可以概括出以下三大优点：

首先，感官检测是对食品的综合检测，能够及时、准确地检测出食品的优劣，从而能够及时发现问题，处理问题，避免劣质的食品流入市场，对社会造成伤害。

其次，感官检测具有简易操作的特点，不需要借助任何检测设备就能对食品优劣进行评价。

最后，感官检测具有主观能动性，能够检测其他机械仪器无法鉴别的食品质量的特殊性污染变化。

对食品进行感官检验时的要求：

首先，食品感官检测工作具有一定的特殊性和专业性，从而对检测人员有着严格的要求，除了需要具备过硬的专业知识和较强的专业技能，对食品感官检测技术有较强的把握能力外，对检测人员的身体指标也有着严苛的要求。

其次，检验人员需要具有灵敏的感觉器官，对食品优劣能够准确、快速地做出判断。

最后，检验人员需要不断加强自身建设，通过不断地积累经验，来提升自身的业务素质水平。

食品感官检验在食品优劣检验中有着重要的作用。因此，我们应该注重感官检测技术的发展，不断完善感官检验的技术水平。检验人员应该保持优良的生活习惯，保证自身感官器官的灵敏性，不断积累经验，不断学习新的方法，来提升自己的业务能力，确保食品感官检验工作的质量和效率，为我国食品安全作出贡献。

第二节 食品理化检验技术

一、食品密度的测定

（一）密度和相对密度

密度是指在一定温度下，单位体积物质的质量。密度的单位为 g/cm³ 或 g/mL，以符号 ρ 表示。计算式如（2-1）所示：

$$\rho = \frac{m}{V} \tag{2-1}$$

式中：

m——物质的质量；

V——物质的体积。

一般情况下，物质都具有热胀冷缩的性质（水在 4 ℃以下是反常的），所以密度值会随着温度的改变而改变，故密度应标出测定时物质的温度，在 ρ 的右下角注明温度 t（℃），即用 ρ_t 表示（物质在 20 ℃时的密度可省略，t 以 ρ 来表示）。

相对密度是指某一温度下物质的质量与同体积某一温度下水的质量之比。其中，右上角 t_1 表示被测物的温度，右下角 t_2 表示水的温度。相对密度是物质重要的物理常数，其无量纲。

为方便起见，工业上常用液体在 20 ℃时的质量与同体积水在 4 ℃时的质量之比来表示物质的相对密度，以符号 d_4^{20} 表示。

但在普通的密度瓶或密度计法测定中，以测定溶液对同温度水的相对密度比较方便。通常测定液体在 20 ℃时对水在 20 ℃时的相对密度，以 d_{20}^{20} 表示。d_{20}^{20} 和 d_4^{20} 之间可以用式（2-2）换算：

$$d_4^{20} = d_{20}^{20} \times 0.998\,23 \qquad\qquad （2-2）$$

式中：

0.998 23——水在 20 ℃时的密度。

同理，若要将 $d_{t_2}^{t_1}$ 换算为 $d_4^{t_1}$，可按下式（2-3）计算：

$$d_4^{t_4} = d_{t_2}^{t_1} \times \rho_{t_2} \qquad\qquad （2-3）$$

式中：

ρ_{t_2} ——温度为 t_2 时水的密度。

表 2-1 列出了不同温度下水的相对密度。

表 2-1　水的相对密度与温度的关系

t（℃）	相对密度	t（℃）	相对密度	t（℃）	相对密度
0	0.999 868	11	0.999 623	22	0.997 797
1	0.999 927	12	0.999 525	23	0.997 565
2	0.999 968	13	0.999 404	24	0.997 323
3	0.999 992	14	0.999 271	25	0.997 071
4	1.000 000	15	0.999 126	26	0.996 810
5	0.999 992	16	0.998 970	27	0.996 539
6	0.999 968	17	0.998 801	28	0.996 259
7	0.999 929	18	0.998 622	29	0.995 971
8	0.999 876	19	0.998 432	30	0.995 673
9	0.999 808	20	0.998 230	31	0.995 367
10	0.999 727	21	0.998 019	32	0.995 052

温度升高，体积增大，相对密度减小；温度降低，体积缩小，相对密度增大。在精

密测量相对密度时，需同时测量温度。若测量时被测液体的温度高于或低于仪器的规定温度（如密度计刻制时的温度），测得的相对密度数值应进行温度校正。为减小测定误差，最好使被测液体温度与仪器的规定温度相同。

（二）测定相对密度的意义

相对密度是物质重要的物理常数之一。各种液态食品都具有一定的相对密度，当其组成成分及浓度发生改变时，其相对密度往往也随之改变。通过测定液态食品的相对密度，可以检验食品的纯度、浓度，进而判断食品的质量。

正常的液态食品，其相对密度都在一定的范围内，如全脂牛乳为 1.028～1.032，植物油（压榨法）为 0.909 0～0.929 5 0。当掺杂、变质等原因引起这些液体食品的组成成分发生变化时，均可出现相对密度的变化，如牛乳的相对密度与其脂肪含量、总乳固体含量有关，脱脂乳的相对密度要比生牛乳高，掺水乳的相对密度比生牛乳低，故测定牛乳的相对密度可检查牛乳是否脱脂，是否掺水。油脂的相对密度与其脂肪酸的组成有关，不饱和脂肪酸含量越高，脂肪酸不饱和程度越高，脂肪的相对密度越高；游离脂肪酸含量越高，相对密度越低；酸败的油脂相对密度升高。因此，测定相对密度可初步判断食品是否正常及其纯净程度。同理，根据酒精溶液的相对密度可查出酒精的体积分数，根据蔗糖溶液的相对密度可查出蔗糖的质量分数。需要注意的是，当食品的相对密度异常时，可以肯定食品的质量有问题；但当相对密度正常时，并不能肯定食品质量无问题，必须配合其他理化分析，才能确定食品的质量。总之，相对密度是食品生产过程中常用的工艺控制指标和质量控制指标，测定食品的相对密度是食品分析中常用的、十分简便的一种检验方法。

（三）液态食品相对密度的测定方法

测定液态食品相对密度的方法有三种：密度瓶法、天平法和比重计法。

1. 密度瓶法

（1）密度瓶法原理

在一定温度下，用同一密度瓶分别称量等体积的样品溶液和蒸馏水的质量，两者之比即为该样品溶液的相对密度。

（2）仪器

密度瓶是测定液体相对密度的专用精密仪器，它是容积固定的玻璃称量瓶，其种类和规格有多种。常用的有带毛细管的普通密度瓶和带温度计的精密密度瓶。容器有 20 mL、25 mL、50 mL、100 mL 4 种规格，但常用的是 25 mL 和 50 mL 两种。

2. 天平法

（1）天平法原理

20 ℃时，分别测定玻锤在水及试样中的浮力。由于玻锤所排开的水的体积与排开的试样的体积相同，玻锤在水中与试样中的浮力可计算试样的密度，试样密度与水密度比值为试样的相对密度。

（2）仪器和设备

①韦氏相对密度天平。

②分析天平：感量 1 mg。

③恒温水浴锅。

（3）分析步骤

测定时将支架置于平面桌上，横梁架于刀口处，挂钩处挂上收码，调节升降旋钮至适宜高度，旋转调零旋钮，使两指针吻合。取下收码，挂上玻锤，将玻璃圆筒内加水至 4/5 处，使玻锤沉于玻璃圆筒内，调节水温至 20 ℃（即玻锤内温度计指示温度），试放 4 种游码，主横梁上两指针吻合，记录读数为 P_1。然后将玻锤取出擦干，加待测试样于干净的圆筒中，使玻锤浸入至以前相同的深度，保持试样温度在 20 ℃，试放 4 种游码，至横梁上两指针吻合，记录读数为 P_2。玻锤放入圆筒内时，勿碰及圆筒四周及底部。

（4）分析结果的表述

试样的相对密度按下式计算：

$$d = \frac{P_2}{P_1} \tag{2-4}$$

式中：

d ——试样的相对密度；

P_1 ——浮锤浸入水中时游码的读数；

P_2 ——浮锤浸入试样中时游码的读数。

3.比重计法

（1）原理

比重计利用了阿基米德原理，将待测液体倒入一个较高的容器，再将比重计放入液体中。比重计下沉到一定高度后呈漂浮状态，此时液面的位置在玻璃管上所对应的刻度就是该液体的密度。测得试样和水的密度的比值即为相对密度。

（2）仪器和设备

比重计：上部细管中有刻度标签，表示密度读数。

（3）分析步骤

将比重计洗净擦干，缓缓放入盛有待测液体试样的适当量筒中，勿使其碰及容器四周及底部，保持试样温度在 20 ℃，待其静置后，再轻轻按下少许，然后待其自然上升，静置至无气泡冒出后，从水平位置观察与液面相交处的刻度，即为试样的密度。分别测试试样和水的密度，两者比值即为试样相对密度。

二、食品折射率的测定

（一）折射率

光线从一种透明介质射到另一种透明介质时，除了一部分光线反射回第一种介质外，另一部分光线进入第二种介质中并改变了传播方向，这种现象叫光的折射。

光线自空气中通过待测介质时的入射角正弦与折射角正弦之比等于光线在空气中

的速度与在待测介质中的速度之比，此值为一恒定值，称为待测介质折射率或折光率。

物质的折射率与入射光的波长、温度有关，随温度的升高，物质的折射率降低。入射光的波长越长，其折射率越小。国家标准规定以 20 ℃为标准测定温度，用钠光谱 D 线（λ=589.3 nm）为标准光源测定物质的折射率，用符号 n_D^{20} 表示。n 的右上角标注温度。

$$n_D^{20} = \frac{\sin i}{\sin r} = \frac{v_1}{v_2} \qquad (2\text{-}5)$$

式中：

n_D^{20}——介质的折射率；

i——光的入射角；

r——光的折射角；

v_1——光在空气中的速度；

v_2——光在介质中的速度。

光在真空中的速度 c 和在介质中的速度 v 之比叫作介质的绝对折射率（简称折射率、折光率、折射指数）。真空的绝对折射率为 1，实际上是难以测定的；空气的绝对折射率是 1.000 294，几乎等于 1，故在实际应用中可将光线从空气中射入某物质的折射率称为绝对折射率。

折射率以 n 表示：

$$n = \frac{c}{v} \qquad (2\text{-}6)$$

显然 $n_1 = \dfrac{c}{v_1}$，$n_2 = \dfrac{c}{v_2}$，故：

$$\frac{\sin \alpha_1}{\sin \alpha_2} = \frac{n_2}{n_1} \qquad (2\text{-}7)$$

式中：

n_1——第一介质的绝对折射率；

n_2——第二介质的绝对折射率。

（二）测定折射率的意义

每一种均一的物质都具有固有的折射率，对于同一物质的溶液来说，其折射率的大小与其浓度成正比，因此测定物质的折射率就可以判断物质的纯度及浓度。

正常情况下，某些液态食品的折射率有一定的范围，如正常牛乳乳清的折射率为1.341 99～1.342 75。当这些液态食品因掺杂别的物质、浓度改变或品种改变等而引起品质发生变化时，折射率常常会发生变化。所以，测定折射率可以初步判断某些食品是否正常。若牛乳掺水，其乳清折射率必然降低，故测定牛乳乳清的折射率即可了解乳糖的含量，判断牛乳是否掺水。

各种油脂具有其一定的脂肪酸构成，每种脂肪酸均有其特定的折射率，故不同的油脂其折射率不同。含碳原子数目相同时，不饱和脂肪酸的折射率比饱和脂肪酸的折射率大得多；不饱和脂肪酸的相对分子质量越大，折射率也越大，当油脂酸度增高时，其折射率降低。因此，测定折射率可以鉴别油脂的组成和品质。

必须指出的是：折光法测得的只是可溶性固形物的含量，因为固体粒子不能在折光仪上反映出它的折射率，所以含有不溶性固形物的样品，不能用折光法直接测出总固形物。但对于番茄酱、果酱等个别食品，已通过实验编制了总固形物与可溶性固形物的关系表，先用折光法测定可溶性固形物含量，即可查出总固形物的含量。

（三）常用的折光仪

折光仪是利用临界角原理测定物质折射率的仪器，其种类很多，食品工业中最常用的是阿贝折光仪和手持折光仪。

1.阿贝折光仪

（1）结构

阿贝折光仪的光学系统由观测系统和读数系统两部分组成。

①观测系统光线由反光镜反射，经进光棱镜进入样液薄层，再进入折射棱镜，经折射后的光线，用消散棱镜（阿米西棱镜）消除折射棱镜及样液所产生的色散，然后由物镜产生的明暗分界线成像于分划板上，通过目镜放大后，成像于观测者眼中。

②读数系统光线由反光镜反射，经毛玻璃射到刻度盘上，经转向棱镜及物镜将刻度成像于分划板上，通过目镜放大后成像于观测者眼中。当旋动棱镜调节手轮，棱镜摆动，视野内明暗分界线通过十字交叉点时，表示光线从棱镜射入样液的入射角达到了临界角。此时即可从读数镜筒中读取折射率或质量分数。

由于样液的浓度不同，折射率不同，故临界角的数值也不同。在读数镜筒中即可读取折射率 n_D^{20}，或糖液浓度（%），或固形物含量（%）的读数。

（2）阿贝折光仪的使用

①仪器校正。对于高刻度值部分，通常是用特制的具有一定折射率的玻璃板来校准。校准时，先把进光棱镜打开，在标准玻璃抛光板面上滴加1～2滴溴代萘，然后将标准玻璃抛光板粘在折光棱镜表面上，并使抛光的一端向下，以便接收光线，测得的折光率应与标准玻璃板的折光率一致。

阿贝折光仪的低刻度值部分可用一定温度的蒸馏水校准,蒸馏水的折射率见表 2-2。

表 2-2 10 ℃～30 ℃蒸馏水的折射率

温度（℃）	折射率	温度（℃）	折射率	温度（℃）	折射率
10	1.333 71	17	1.333 24	24	1.332 63
11	1.333 63	18	1.333 16	25	1.332 53
12	1.333 59	19	1.333 07	26	1.332 42
13	1.333 53	20	1.332 99	27	1.332 31
14	1.333 46	21	1.332 90	28	1.332 20
15	1.333 39	22	1.332 81	29	1.332 08
16	1.333 32	23	1.332 72	30	1.331 96

校准时，当读数视场指示于蒸馏水或标准玻璃板的折射率值时，观察明暗分界线是否在十字线中间。若有偏离，则用螺丝刀轻微旋转调节螺丝，使明暗分界线恰好通过十字线交叉点。校正完毕，在以后的测量过程中不允许随意再动此部位。

②将折射棱镜表面擦干，用滴管滴样液1～2滴于进光棱镜的磨砂面上，将进光棱镜闭合，调整反射镜，使光线射入棱镜中。

③旋转棱镜旋钮，使视野形成明暗两部分。

④旋转补偿器旋钮，使视野中除黑白两色外，无其他颜色。

⑤旋转棱镜旋钮，使明暗分界线在十字交叉点上，由读数镜筒内读取读数。

⑥测定后必须将进光棱镜的毛面、折射棱镜的抛光面拭净，并使之干洁。测定水溶性样品后，用脱脂棉吸水轻擦干净；若为油类样品，需用乙醇或乙醚、苯等拭净。

阿贝折光仪的折射率刻度范围为1.300 0～1.700 0，测量精确度可达±0.000 3，可测量糖溶液浓度或固形物含量范围为0%～95%（相当于折光率1.333～1.531），测定温度为10 ℃～50 ℃。

2.手持折光仪

（1）结构

手持折光仪由棱镜、棱镜盖板、橡胶握把、接目镜护罩等组成。其光学原理与阿贝折光仪在反射光中使用时的相同。该仪器操作简单，便于携带，常用于生产现场检验及田间检验。

（2）测定范围

手持折光仪的测定范围为0%～90%，分左右刻度。

当被测糖液浓度低于50%时，旋转换挡旋钮，使目镜半圆视场中的"0～50"可见，即可观测读数；若被测糖液浓度高于50%，旋转换挡旋钮，使目镜半圆视场中的"50～80"可见，即可观测读数。

测量时若温度不是20 ℃，应进行数值修正。修正的情况分为以下两种：

①仪器在20 ℃调零而在其他温度下进行测量时，应进行校正。校正的方法是：温度高于20 ℃时，加上相应校正值，即为糖液的准确浓度数值；温度低于20 ℃时，减去相应校正值，即为糖液的准确浓度数值。

②仪器在测定温度下调零则不需要校正。操作方法是：测试纯蒸馏水的折光率，看

视场中的明暗分界线是否对正刻线 0。若偏离，则可用小螺丝刀旋动校正螺钉，使分界线正确指示 0 处，然后对糖液进行测定，读取的数值即为正确数值。

三、食品旋亮度的测定

自然光的光波在一切可能的平面上振动，当它通过尼可尔棱镜时，透过棱镜的光线只限制在一个平面上振动，这种光叫偏振光（偏光），偏光的振动平面叫偏振面。

具有光学活性的物质，其分子和镜像不能叠合。当偏光通过这类物质时，偏振面就会旋转一个角度。利用专门的仪器测量偏振面向右或向左的旋转角度数，即可求出光学活性物质的含量，这种测定方法称为旋光法。在食品分析中，旋光法主要用于糖分和淀粉的测定。

（一）旋光现象、旋亮度和比旋亮度

分子结构中有不对称碳原子，能把偏振光的偏振面旋转一定角度的物质称为光学活性物质。许多食品成分都具有光学活性，如单糖、低聚糖、淀粉以及大多数的氨基酸和羟酸等。

当偏振光经过光学活性物质时，其偏振光的平面将被旋转，产生旋光现象。偏振光通过光学活性物质的溶液时，其振动平面所旋转的角度叫该物质溶液的旋亮度，以 a 表示。其中，能把偏振光的振动平面向右旋转的称为"具有右旋性"，以"+"号表示；反之，称为"具有左旋性"，以"–"号表示。

旋光度的大小主要取决于旋光性物质的分子结构，也与溶液的浓度、液层厚度、入射偏振光的波长、测定时的温度等因素有关。同一旋光性物质，在不同的溶剂中有不同的旋光度和旋光方向。由于旋光度的大小受诸多因素的影响，所以缺乏可比性。一般规定：以黄色钠光 D 线为光源，在 20 ℃时，偏振光透过浓度为 1 g/mL、液层厚度为 1 dm（即 10 cm）旋光性物质的溶液时的旋光度，称作比旋光度（或称旋光率、旋光系数），用符号 $[\alpha]_D^{20}(s)$ 表示。

纯液体的比旋光度：

$$[\alpha]_D^{20} = \frac{\alpha}{l \times \rho} \qquad (2\text{-}8)$$

溶液的比旋光度：

$$[\alpha]_D^{20}(s) = \frac{\alpha}{l \times c} \qquad (2\text{-}9)$$

式中：

α——测得的旋光度；

ρ——液体在 20 ℃时的密度；

c——每毫升溶液含旋光性物质的质量；

l——旋光管的长度（液层厚度）；

20——测定的温度；

s——所用的溶剂（如溶液的比旋光度无标注，即表明溶剂为水）。

由此可见，比旋光度是旋光性物质在一定条件下的特征物理常数。在一定条件下比旋光度 $[\alpha]_D^{20}$ 已知。主要糖类的比旋光度见表 2-3。由于 l 一定，故测得旋光度后可计算出溶液的浓度 c。

表 2-3　糖类的比旋亮度

糖类	比旋亮度	糖类	比旋亮度
葡萄糖	+52.3	乳糖	+53.3
果糖	-92.5	麦芽糖	+138.3
转化糖	-20.0	糊糖	+194.8
蔗糖	+66.5	淀粉	+196.4

（二）变旋光作用

应当指出，旋光性物质在不同溶剂中制成的溶液，其旋亮度和旋转方向是不同的。

具有光学活性的葡萄糖、果糖、麦芽糖等还原糖溶解后，其旋亮度起初迅速变化，后变化缓慢，最后达到恒定值，这个现象称作变旋光作用。这是由于有的糖存在两种异构体，即 α 型和 β 型，它们的比旋亮度不同。这两种环形结构和中间的开链结构在构成一个平衡体系的过程中，即可显示变旋光作用。蜂蜜、葡萄糖之类的产品，在通常的条件下会发生变旋光作用。应用旋光法测定时，样品配成溶液后，宜放置过夜再读数。如需立即测定，可将中性溶液加热至沸后再稀释定容。若溶液已经稀释定容，则可加入 Na_2CO_3 直至对石蕊试纸恰呈明显的碱性（但微碱性溶液不可放置过久，温度也不可太高，以免破坏果糖）。在碱性溶液中变旋光作用迅速，很快达到平衡。为了解变旋光作用是否完成，应每隔 15～30 min 进行一次旋亮度测读，直至读数恒定为止。

四、食品物性分析

食品物性分析又称食品物理分析，主要包括对食品颜色、黏度、质构等的测定。

（一）食品颜色的测定

食品的颜色影响到食品的品质，因此有关食品的着色、保色、发色、褪色等研究也成为食品科学的重要课题。如蛋白饮料的乳白色就是食品加工厂家提高商品品质的重要指标。为了追求利润，一些厂商对食品色彩的追求走入误区，如对面粉进行不适当的漂白处理，对一些食品使用过量的色素进行染色等，这已成为食品安全关注的问题。

1. 水质色度的测定

纯洁的水是无色透明的，但一般的天然水中存在各种溶解物质或不溶于水的黏土类细小悬浮物，使水呈现各种颜色，如含腐殖质或高价铁较多的水常呈黄色；含低价铁化合物较多的水呈淡绿色；硫化氢被氧化所析出的硫，能使水呈浅蓝色。水的颜色深浅反映了水质的好坏。有色的水往往是受污染的水，测定结果是以色度来表示的。色度是指被测水样与特别制备的一组有色标准溶液的颜色比较值。色度是不包括亮度在内的颜色的性质，是水质的外观指标，它反映的是颜色的色调和饱和度，即颜色强度。色度的标准单位为度，每升溶液中含有 2 mg 六水合氯化钴（Ⅳ）和 1 mg 铂［以六氯铂（Ⅳ）酸的形式〕时产生的颜色为1度。洁净的天然水的色度一般为15～25度，自来水的色度多为5～10度。

水的颜色有真实颜色和表观颜色之分。水的真实颜色是仅由溶解物质产生的颜色，用经0.45μm滤膜过滤器过滤的样品测定。水的表观颜色是由溶解物质及不溶解性悬浮物产生的颜色，用未经过滤或离心分离的原始样品测定。纯水无色透明，天然水中含有泥土、有机质、无机矿物质、浮游生物等，往往呈现一定的颜色。工业废水含有染料、生物色素、有色悬浮物等，是环境水体着色的主要来源。有颜色的水减弱水的透光性，影响水生生物的生长及其观赏的价值，而且还含有危害性的化学物质。对于清洁的或浊度很低的水，真实颜色和表观颜色相近；对于着色深的工业废水和污水，真实颜色和表观颜色差别较大。

水质色度常用铂钴标准比色法和稀释倍数法测定。铂钴标准比色法适用于清洁水、轻度污染并略带黄色调的水，如清洁的地面水、地下水和饮用水等。稀释倍数法适用于污染较严重的地面水和工业废水。对于食品企业，一般采用比色法，具体方法如下：

（1）原理

用氯铝酸钾和氯化钴配制颜色标准溶液，与被测样品进行目视比较，以测定样品的颜色强度，即色度。

（2）试剂

①光学纯水。将0.2m的滤膜浸泡在蒸馏水或去离子水中1h，再用此滤膜过滤蒸馏水或去离子水，弃去最初的250mL滤液，接取之后的滤液。以后用这种水配制全部标准溶液并作为稀释水。

②铂钴色度标准贮备液（500度）。将(1.245 ± 0.001)g K_2PtCl_6及(1.000 ± 0.001)g $CoCl_2 \cdot 6H_2O$溶于500mL水中，加（100±1）mL浓盐酸，并在1000mL容量瓶内用水稀释至标线。

将溶液放在密封的玻璃瓶中，存放于暗处，温度不能超过30℃，至少能稳定6个月。

③铂钴色度标准系列溶液。在一组250mL容量瓶中，用移液管分别加入2.50、5.00、7.50、10.00、12.50、15.00、17.50、20.00、25.00、30.00及35.00（mL）铂钴贮备液，并用水稀释至刻度，溶液色度分别为5、10、15、20、25、30、35、40、50、60和

70（度）。

将溶液放在严密盖好的玻璃瓶中，存放于暗处，温度不能超过 30 ℃，至少可稳定 1 个月。

（3）仪器

具塞比色管 50 mL，容量瓶 250 mL，pH 计。

（4）采样和样品

所有与样品接触的玻璃器皿都要用盐酸或表面活性剂溶液加以清洗，最后用蒸馏水或去离子水洗净、沥干。

将样品采集在容积至少为 1 L 的具塞玻璃瓶内，采样后尽早进行测定。如果必须贮存，则将样品贮存于暗处。在有些情况下还要避免样品与空气接触，同时要避免温度的变化。

（5）步骤

将样品倒入 250 mL（或更大）的量筒中，静置 15 min，倾取上层液体作为试料进行测定。

将一组 50 mL 具塞比色管用色度标准溶液充至标线，将另一组具塞比色管用试料充至标线。

将具塞比色管放在白色表面下，比色管与该表面应呈合适的角度，使光线被反射，自具塞比色管底部向上通过液柱，垂直向下观察液柱，找出与试料色度最接近的标准溶液，如色度≥70 度，用光学纯水将试料适当稀释后，使色度落入标准溶液范围之内再行测定。

另取试料测定 pH 酸碱度。

（6）结果的表示

稀释过的样品色度（A_0）以"度"计，用下式计算：

$$A_0 = V_1 / V_2 \times A_1 \tag{2-10}$$

式中：

V_1——样品稀释后的体积；

V_2——样品稀释前的体积；

A_1——稀释样品色度的观测值。

2. 颜色的测定

随着更加科学、合理、方便的表色系统的建立，颜色的品质管理和测定也更方便和准确。测定时需要掌握正确的方法。

（1）测定食品颜色的注意事项

①液体食品或有透明感的食品，当光照射时，不仅有反射光，还有一部分为透射光。因此，仪器的测定值与眼睛的判断产生差异。

②固体食品的颜色往往不均匀，而眼睛的观察往往是总体印象。在用仪器测定时，总是局限于被测点的较小面积，所以要注意仪器测定值与目测颜色印象的差异。

③测定颜色的方法不同或使用仪器不同，都可能造成颜色值的差异。

（2）试样的制作

①测定固体食品时，表面应尽量平整。

②对于糊状食品，测定时尽量使食品中各成分混合均匀，这样眼睛观察值和仪器测定值就比较一致，如果蔬酱、汤汁、调味汁类食品，可在不使用其变质品的前提下进行适当的均质处理。

③颗粒食品可通过破碎或过筛的方法处理，使颗粒大小一致，这样可减少测定值的偏差。测定粉末食品时，需把测定表面压平。

④测定透明果汁类液体颜色时，应使试样面积大于光照射面积，否则光会散失出去。

⑤测定透过光时，可采用过滤或离心分离的方式将试样中的悬浮颗粒除去。

⑥对颜色不均匀的平面或混有颜色不同颗粒的食品，测定时可通过试样旋转达到混色的效果。

（3）颜色的目测方法

颜色的目测方法主要分为标准色卡对照法和标准液比较法等。测定时要注意观察的位置、光源及试样的摆放位置。

①标准色卡对照法

国际上出版的标准色卡一般根据色彩图制定。常见的有孟塞尔色圈、522匀色空间色卡、麦里与鲍尔色典和日本标准色卡等。

用标准色卡与试样比较颜色时，光线非常重要。一般要求采用国际照明协会规定的标准光源，光线的照射角度应为45°。在比较时，若色卡与试样的观察面积不同，将影响判断的正确性，所以要求对试样进行适当的遮挡。如果没有合适的标准光源，可以在晴天10：00~14：00，利用北窗射进的自然光线作为光源。总之，要避免在阳光直接照射下进行比较。即使光线达到了以上要求，对有光泽的食品表面或凹凸不平的食品（如果酱、辣酱之类）表面进行颜色比较也很困难。

②标准液测定法

标准液测定法主要用来比较液体食品的颜色，如测定酱油、果汁等液体食品的颜色。标准液多用化学药品溶液制成，如测定橘子汁颜色采用重铬酸钾溶液做标准色液。

目测法常用于谷物、淀粉、水果、蔬菜等食品规格等级的检验。

（4）颜色的仪器测定法

除目测法外，在比较标准液时，也可使用比色计，提高比较的准确性。

①光电管比色法

光电管比色法是采用光电比色计，用光电管代替目测，以减少误差的一种仪器测定方法。这种仪器由彩色滤光片、透过光接收光电管、与光电管连接的电流计组成，主要用来测定液体试样色的浓度，常以无色标准液为基准。

②分光亮度法

分光亮度法主要用来测定各种波长光线的透过率。其原理是由棱镜或衍射光栅将白光滤成一定波长的单色光，然后测定这种单色光透过液体试样时被吸收的情况。由测得的光谱吸收曲线可获得以下信息：

A.了解液体中吸收特定波长的化学物成分；

B.测定液体浓度；

C.作为颜色的一种尺度，测定某种呈色物质的含量。

（二）食品黏度的测定

黏度，即液体的黏稠程度，它是液体在外力作用下发生流动时，分子间所产生的内摩擦力。黏度的大小是判断液态食品品质的一项重要物理常数。

黏度有绝对黏度、运动黏度、条件黏度和相对黏度之分。绝对黏度也叫动力黏度，它是液体以 1 cm/s 的流速流动时，在 1 cm² 液面上所需切向力的大小，单位为"Pa·s"。

运动黏度也叫动态黏度，它是在相同温度下液体的绝对黏度与其密度的比值，单位为"m²/s"。

条件黏度是在规定温度下，在指定的黏度计中，一定量液体流出的时间（s），或此时间与规定温度下同体积水流出时间之比。

相对黏度是在一定温度时液体的绝对黏度与另一液体的绝对黏度之比，用以比较的液体通常是水或适当的液体。

黏度的大小随温度的变化而变化。温度愈高，黏度愈小。纯水在 20 ℃时的绝对黏度为 10^{-3} Pa·s。测定液体黏度可以了解样品的稳定性，亦可揭示干物质的量与其相应的浓度。黏度的数值有助于解释生产、科研的结果。

测定液体食品的黏度时，要根据测定目的和待测对象的性质选择测定仪器。食品中常见的测定方法有毛细管测定法、圆筒回转式黏度计测定法和锥板回转式黏度计测定法等。这里仅介绍食品物性分析中的旋转黏度计法和毛细管黏度计法。

1. 旋转黏度计法

（1）原理

旋转黏度计上的同步电机以稳定的速度带动刻度盘旋转，再通过游丝和转轴带动转子旋转。当转子未受到液体的阻力时，游丝、指针与刻度圆盘同速旋转，指针在刻度盘上指出的读数为"0"。反之，如果转子受到液体的黏滞阻力，则游丝产生扭矩，与黏滞阻力抗衡最后达到平衡，这时与游丝连接的指针在刻度圆盘上指示一定的读数（即游丝的扭转角）。根据这一读数，结合所用的转子号数及转速对照换算系数表，计算出待测样品的绝对黏度。

（2）仪器

旋转黏度计。

（3）样品

脱脂牛乳、全脂牛乳、甜炼乳等。

（4）实验步骤

①仪器水平调节

调节仪器的水平调节螺丝，使仪器处于水平状态。根据检测容器的高低，转动仪器的升降夹头旋钮，使仪器升降至合适的高度，然后用六角螺纹扳手紧固升降夹头。

②安装转子

估计被测样品的最大黏度值，结合量程表选择合适的转子（表2-4），并小心安装上仪器的连接螺杆。

③样品测定

把样品倾入直径不小于70 mm的烧杯或试筒（仪器自备）中，使转子尽量置于容器中心部位并浸入样液直至液面达到转子的标志刻度为止。选择合适的转速，接通电源开始检测。

表2-4　不同转子在不同转速下可测的最大黏度值　　　　单位：Pa

转子号	转速（r/min）			
	60	30	12	6
0	0.01	0.02	0.05	0.1
1	0.1	0.2	0.5	1
2	0.5	1	2.5	5
3	2	4	10	20
4	10	20	50	100

④读取黏度数据

待转子在样液中转动一定时间，指针趋于稳定时，压下操作杆，同时中断电源，使指针停留在刻度盘上，读取刻度盘中指针所指示的数值。当读数过高或过低时，可通过调整测定转速或转子型号，使刻度读数值落在30～90刻度量程之间。

（5）结果计算

$$\eta = K \times S \qquad (2\text{-}11)$$

式中：

η——样品的绝对黏度；

K——转换系数（表2-5）；

S——圆盘中指针所指读数。

表2-5 不同转子在不同转速时的换算系数

转子号	转速（r/min）			
	60	30	12	6
0	0.1	0.2	0.5	1.0
1	1	2	5	10
2	5	10	25	50
3	20	40	100	200
4	100	200	500	1 000

2.毛细管黏度计法

毛细管黏度计的种类很多，下面介绍常用的两种毛细管黏度计，即奥氏黏度计和乌氏黏度计。

（1）奥氏黏度计

奥氏黏度计由导管、毛细管和球泡组成。毛细管的孔径和长度有一定的规格和精度要求。球泡两端导管上都有刻度线（如 M_1、M_2 等），导管和球泡的容积也有一定规格和较高的精度。测定时，先把一定量（或一定体积）的液体注入左边导管，然后将乳胶管与右边导管的上部开口处连接，把注入的液体抽吸到右管，直到上液面超过刻度线 M_1。这时，使黏度计垂直竖立，再去掉上部乳胶管，使液体因自重向左管回流。注意测定液面通过 M_1 至 M_2 之间所需的时间，即一定量液体通过毛细管的时间。测定多次，取平均值。根据对标准液和试样液通过时间的测定，就可求出液体黏度。为了提高测定效率，奥氏黏度计右面也有双球形的。

（2）乌氏黏度计

乌氏黏度计的结构与奥氏黏度计的不同之处是它由三根竖管组成，其中右边的管与中间球泡管的下部旁通，即在球泡管下部有一个小球泡与右管连通。这一结构可以在测量时使流经毛细管的液体形成一个气悬液柱，减少了因左边导管液面升高对毛细管中液流压力差带来的影响。测定方法是：首先向左管注入液体，然后堵住右管，由中间管吸上液体，直至充满上面的球泡。这时，同时打开中间管和右管，使液体自由流下，测定液面由 M_1 到 M_2 的时间。

（3）其他形式的毛细管黏度计

与奥氏黏度计相似的黏度计还有很多，如双球形奥氏黏度计、凯芬式黏度计、倒流式黏度计、品氏黏度计、伏氏黏度计等。

（4）毛细管黏度计测定黄原胶的特性黏度

①原理

溶液的黏度与溶液的浓度有关，为了消除黏度对浓度的依赖性，定义了一种 $[\eta]$，即：

$$[\eta] = \lim_{c \to 0} \frac{\eta_{sp}}{c} = \lim_{c \to 0} \frac{\eta_r}{c} \qquad (2\text{-}12)$$

式中：

η_{sp}——增比黏度；

η_r——相对黏度；

c——浓度。

特性黏度为极限黏度值，与浓度无关，其量纲也是浓度的倒数。特性黏度与聚合物的相对分子质量和结构、溶液的温度和溶剂的特性有关。当温度和溶剂一定时，对于同种聚合物而言，其特性黏度与其相对分子质量有关。只要测定一系列不同浓度下的黏度后，对浓度作图，并外推到浓度为 0 时，得到的黏度属于特性黏度。

②仪器：毛细管黏度计。

③试剂：石油醚或汽油，乙醚、铬酸溶液。

④样品：黄原胶。

⑤步骤

A. 将选用的黏度计用石油醚或汽油洗净。若黏度计粘有污垢，就用铬酸溶液、自来水、蒸馏水和乙醇依次洗涤，然后放入烘箱中烘干，或用通过棉花滤过的热空气吹干，备用。

B. 在毛细管黏度计支管上套上橡皮管，并用手指堵住管身的管口，同时倒置黏度计，将管身插入样液中，用吸耳球从支管的橡皮管中将样液吸到标线处，注意不要使管身扩张部分中的样液出现气泡或裂隙（如出现气泡或裂隙需重新吸入样液），迅速提起黏度计并使其恢复至正常状态，同时擦掉管身的管端外壁所黏附的多余样液，并从支管取下橡皮管套在管身的管端上。

C. 把盛有样液的黏度计浸入预先准备好的（20±0.1）℃恒温水浴中，使其扩张部分和扩展部分完全浸没在水浴中，将其垂直固定在支架上。

D. 恒温 10 min 后，用吸耳球从管身的橡皮管中将样液吸起、吹下，然后吸起样液使扩张，使下液面稍高于标线。

E. 取下吸耳球，观察样液的流动情况。当液面正好到达上标线时，立即按下秒表计时，待样液继续流下至下标线时，再按下秒表停止计时。

F. 重复操作 4～6 次，记录每次样液流经上、下标线所需的时间。

⑥计算

$$v_{20} = Kt_{20} \qquad\qquad (2\text{-}13)$$

式中：

v_{20}——20 ℃时样液的运动黏度；

K——黏度计常数[2]；

t_{20}——样液平均流出时间。

第三章　食品中一般成分的检验

第一节　食品中水分的检验

水分是食品的天然成分，通常虽不被看作营养素，但它是动植物体内不可缺少的重要成分，具有十分重要的生理意义。食品中水分的多少，直接影响食品的感官性状，影响胶体状态的形成和稳定。控制食品水分的含量，可防止食品的腐败变质和营养成分的水解。

一、食品中水分的存在形式及检验意义

根据水在食品中所处的状态不同以及与非水组分结合强弱的不同，可把食品中的水分为三类：

自由（游离）水——是靠分子间力形成的吸附水。保持水本身的物理特性，溶液状态，能作为胶体的分散剂和盐的溶剂，易蒸发，能结冰，流动性大，在干燥过程中容易被排除；

胶体结合水——靠氢键和静电力吸附于食品内亲水胶体表面，不能作为溶剂，在游离水蒸发后才可能被蒸发；

化学结合水——以配价键结合，其结合力大，很难用蒸发的方法分离出去，在食品内部不能作为溶剂。

各种食品中的水分含量差别较大，食品中除去水分后剩下的干基称为总固形物，它

是指导食品生产、评价食品营养价值的一个很重要的指标。

测定水分对于计算物料平衡、实行工艺监督及保证产品质量具有重要意义。对于食品生产企业，水分是影响食品质量的重要因素，控制水分是保障食品不变质的手段之一。对于监控行业，测定水分含量（注水肉），可揭露掺假行为。水分含量的测定是食品分析的重要项目之一，贯穿于产品开发、生产、市场监督等过程。例如新鲜面包的水分含量若低于 28%～30%，其外观形态干瘪，失去光泽；水果硬糖的水分含量一般控制在 3.0%，过少则会出现返砂甚至返潮现象；奶粉水分含量控制在 2.5%～3.0%，可抑制微生物生长繁殖，延长保存期。

二、食品中水分含量的表示方法

总水分：105 ℃干燥减重法测出的量，也就是食品在 105 ℃干燥至恒重所减少的质量。这当然不完全是水，凡在 105 ℃下可以蒸散的低沸点物质都包括在内，所以明确地说叫干燥失重，但目前我国计算上和化学分析上还是叫它总水分。

水分活度：可以自由蒸散的水分，这种水分的多少叫水分活度，以 A_w 表示。在食品防腐保藏、脱水复水上都有重要意义。

食品中的固形物：指食品内将水分排出后的全部残留物，包括蛋白质、脂肪、粗纤维、无氮抽出物、灰分等。固形物（%）=100%-水分（%）。

三、水分的检验方法

食品中水分测定的方法一般采用直接测定法和间接测定法。直接测定法是利用水分本身的物理性质和化学性质，去掉样品中的水分，再对其进行定量测定的方法，如直接干燥法、减压干燥法、蒸馏法和卡尔·费休法等，特点是准确度高、重复性好、应用范围较广，但费时，需人工操作。间接测定法是利用食品的密度、折射率、电导率和介电常数等物理性质进行测定，如比重法、电导率法、折射率法等，不需要除去样品中的水分，特点是准确度低、快速、自动连续。

（一）干燥法

在一定的温度和压力条件下，将样品加热干燥，以排除其中的水分并根据样品前后失重来计算水分含量的方法，称为干燥法。一般包括常压干燥法（常压烘箱干燥法）和减压干燥法（真空烘箱干燥法）。

采用干燥法测定水分的前提条件：水分是样品中唯一的挥发物质；通过干燥可以较彻底地去除样品中的水分；在加热过程中，样品中的其他组分可能发生化学反应，但其引起的重量变化可以忽略不计。

过程：样品接受→预处理（样品、称量瓶）→准确称取适量样品于恒重称量瓶中，在规定条件下干燥→冷却→称量→恒重→实验结果处理。

1. 预处理

预处理的原则是在采集、处理和保存过程中，须防止组分发生变化和水分散失。

称量瓶的预处理需要在烘箱中进行干燥处理，在100 ℃的烘箱中进行重复干燥，以使其达到恒重（两次称量质量差不超过2 mg）。称量瓶放入烘箱内，盖子应该打开，斜放在旁边，取出时先盖好盖子，用纸条取，放入干燥器内，冷却后称重。干燥之后的称量皿应存放在干燥器中。

海砂的预处理需先用水洗去海砂或河沙的泥土，再用6 mol/L 盐酸煮沸半小时，用水洗到中性，再用6 mol/L 氢氧化钠溶液煮沸半小时，用水洗到中性，经105 ℃烘干后备用。

2. 样品重量和称量瓶规格

样品重量一般控制干燥残留物在1.5～3 g，称样的质量一般如表3-1所示。

表3-1　样品的称样质量

样品	称样量/g
固态、浓稠态食品	3～5
果汁、牛乳等液态食品	15～20

常用的称量瓶有玻璃称量瓶，耐酸碱，不受样品性质的限制，多用于常压干燥法，其底部直径为 4～5 cm 或 6.5～9 cm。铝质称量瓶质量轻，导热性强，但对酸性食品不适宜，常用于减压干燥法，其直径 5 cm，高度至少 2 cm，直径加大，高度至少为 3 cm。选择称量瓶的大小要合适，一般样品不超过称量瓶高度的 1/3。

3.干燥设备

常用的干燥设备烘箱分为真空烘箱（强力循环通风式、温差最小）和普通电热烘箱（对流式、温差最大），特定温度和时间条件下，应考虑不同类型的烘箱引起的温差变化。

4.干燥条件

根据样品的性质以及分析目的选择干燥的温度、压力（常压、减压）和干燥时间（干燥到恒重、规定一定的干燥时间）。

干燥温度一般是 95 ℃～105 ℃；对含还原糖较多的食品（50 ℃～60 ℃）应先干燥然后再105 ℃加热。对热稳定的谷物可用 120 ℃～130 ℃干燥；对于脂肪高的样品，后一次质量可能高于前一次（由于脂肪氧化），应用前一次的数据计算。

干燥时间直至恒重——最后两次重量之差小于 2 mg，基本保证水分蒸发完全。或者根据标准方法的要求选择干燥时间。

在干燥过程中，一些食品原料可能易形成硬皮或块状，造成结果不稳定或错误，可以使用清洁干燥的海砂和样品一起搅拌均匀，再将样品加热，干燥至恒重。海砂能够防止表面硬皮的形成，可以使样品分散，减少样品水分蒸发的障碍，其用量依样品量而定，一般每 3 g 样品加 20～30 g 海砂就能使其充分分散。也可以使用硅藻土、无水硫酸钠代替海砂。

5.干燥器中的干燥剂

干燥器中一般采用硅胶作为干燥剂，当其颜色由蓝色减退或变成红色时，应及时更换；干燥剂在 135 ℃下干燥 2～3 h 后可重新利用。

常压干燥法：在一定温度（95 ℃～105 ℃）和压力（常压）下，将样品放在烘箱中加热干燥，除去蒸发的水分，干燥前后样品的质量之差即为样品的水分含量。直接干燥法测定食品中的水分是国家标准第一法。该方法不能完全排出食品中的结合水，所以它不可能测出食品中真正的水分。设备和操作简单，但时间较长（4～5 h），不适合易挥发物质、高脂肪、高糖食品及含有较多的高温易氧化、易挥发、易分解物质的食品。

减压干燥法：在低压条件下，水分的沸点会随之降低。适用于在 100 ℃ 以上加热容易变质及含有不易除去结合水的食品，如淀粉制品、豆制品、罐头食品、糖浆、蜂蜜、蔬菜、水果、味精、油脂等。可以防止含脂肪高的样品在高温下的脂肪氧化、含糖高的样品在高温下的脱水炭化、含高温易分解成分的样品在高温下分解等。先放入样品→连接泵，抽出箱内空气至所需压力（一般为 40～53 kPa），并同时加热至所需温度（55 ℃ 左右）→关闭真空泵，停止抽气→保持一定的温度和压力干燥→打开活塞→待压力恢复正常后再打开。

压力一般为 40～53 kPa，温度为 50 ℃～60 ℃。实际应用时可根据样品性质及干燥箱耐压能力不同而调整压力和温度，从干燥箱内部压力降至规定真空度时起计算干燥时间；恒重一般以减量不超过 0.5 mg 时为标准，但对受热后易分解的样品则可以不超过 3 mg 的减量值为恒重标准。

其他干燥法：化学干燥法是将某种对于水蒸气具有强烈吸附力的化学药品与含水样品一同装入一个干燥容器，通过等温扩散及吸附作用而使样品达到干燥恒重。微波（103～105 MHz 的电磁波）烘箱干燥法则是靠电磁波把能量传播到被加热物体的内部。加热速度快、均匀性好、易于瞬时控制、选择性吸收、加热效率高。红外线干燥法是一种快速测定水分的方法，它以红外线发热管为热源，通过红外线的辐射热和直接热加热样品，高效迅速地使水分蒸发。加热迅速，精密度差。

（二）蒸馏法

基于两种互不相溶的液体二元体系的沸点低于各组分的沸点这一理论，在试样中加入与水互不相溶的有机溶剂（如苯或二甲苯等），将食品中的水分与甲苯或二甲苯共沸蒸出，冷凝收集馏出液。由于密度不同，馏出液在接收管中分层，根据馏出液中水的体积，计算样品中的水分含量。

测定过程在密闭的容器中进行，加热温度较常压干燥法低，对易于氧化、分解、热敏感的样品，均可减少测量误差。

本法适用于测定含较多挥发性物质的食品，如干果、油脂、香辛料等。特别是香料，蒸馏法是唯一公认的水分测定方法。蒸馏法设备简单、操作简便，用该法测定水分含量，其准确度明显高于干燥法。

称取样品适量（含水量为 2～5 mL）→于 250 mL 水分测定蒸馏瓶中加入 50～75 mL 有机溶剂（如新蒸馏的甲苯或二甲苯 75 mL，以浸没样品为宜）→连接蒸馏装置→缓慢加热蒸馏→至水分大部分蒸出后→加快蒸馏速度→至刻度管水量不再增加→读数。如冷凝管或接受管上部附有水滴，可从冷凝管端加入少许甲苯或二甲苯冲洗，再蒸馏片刻直至冷凝管壁和接受管上部不再附有水滴为止，读取刻度管中的水层体积。计算水分含量公式为：

$$X = \frac{V}{m} \times 100 \qquad (3\text{-}1)$$

式中：

X——样品中的水分含量；

V——接收管内水的体积；

m——样品的质量。

计算结果保留三位有效数字。

方法说明和注意事项如下：

（1）此法为食品水分测定国家标准第三法。

（2）避免了挥发性物质以及脂肪氧化造成的误差。

（3）有机溶剂的选择：考虑能否完全湿润样品、适当的热传导、化学惰性、可燃性以及样品的性质等因素。对热不稳定的食品，一般不采用二甲苯，因为它的沸点高，常选用低沸点的有机溶剂，如苯。对于一些含有糖分、可分解释放出水分的样品，如脱水洋葱和脱水大蒜可采用苯。

（4）蒸馏法的优缺点。

优点：①热交换充分；②受热后发生化学反应比重量法少；③设备简单，管理方便。

缺点：①水与有机溶剂易发生乳化现象；②样品中的水分可能完全没有挥发出来；③水分有时附在冷凝管壁上，对分层不理想，造成读数误差，可加少量戊醇或异丁醇防止出现乳浊液。为了防止水分附集于蒸馏器内壁，须充分清洗仪器。

这种方法用于测定样品中除水分外，还有大量挥发性物质，如醚类、芳香油、挥发酸、CO_2 等。目前美国分析化学家协会 AOAC 规定蒸馏法用于饲料、调味品的水分测定，特别是香料，蒸馏法是唯一的、公认的水分检验分析方法。

（三）卡尔•费休法

卡尔•费休法，简称费休法或 K-F 法，是一种以滴定法测定水分的化学分析法，是测定水分特别是微量水分最专一、最准确的方法。这种方法自 1935 年由卡尔•费休提出。测定原理是利用碘氧化二氧化硫时，需要用定量的水参与反应，由此测定液体、固体和气体中的含水量。标准卡尔•费休试剂一直采用 I_2、SO_2、无水 CH_3OH（含水量在 0.05 % 以下）配制而成，并且国际标准化组织把这个方法定为国际标准测微量水分的方法。在水存在时，即样品中的水与卡尔•费休试剂中的碘和二氧化硫的氧化还原反应：

$$2H_2O + SO_2 + I_2 \rightleftharpoons 2HI + H_2SO_4$$

但这个反应是可逆的。当硫酸浓度达到 0.05% 以上时，即能发生逆向反应。如果我们让反应按照一个正方向进行，需要加入适当的碱性物质以中和反应过程中生成的酸。经实验证明，在体系中加入碱性物质吡啶（C_5H_5N）以中和生成的酸，这样就可使反应向右进行。

$$3C_5H_5N + I_2 + SO_2 + H_2O \rightarrow 2C_5H_5N \cdot HI(氢碘酸吡啶) + C_5H_5N \cdot SO_3(硫酸酐吡啶)$$

生成的硫酸酐吡啶很不稳定，能与水发生副反应，消耗一部分水而干扰测定：

$$C_5H_5N \cdot SO_3 + H_2O \rightarrow C_5H_5N(SO_4H)H$$

若体系中有甲醇存在，则硫酸酐吡啶可生成稳定的甲基硫酸氢吡啶：

$$C_5H_5N \cdot SO_3 + CH_3OH \rightarrow C_5H_5N \cdot HSO_4 \cdot CH_3(甲基硫酸氢吡啶)$$

这样可以使测定水的反应能定量完成。

卡尔•费休法滴定的总反应式为：

$$(I_2 + SO_2 + 3C_5H_5N + CH_3OH) + H_2O \rightarrow 2C_5H_5N \cdot HI + C_5H_5N \cdot HSO_4 \cdot CH_3$$

由上式可知，1 mol 水需要 1 mol 碘、1 mol 二氧化硫、3 mol 吡啶及 1 mol 甲醇。但实际使用的卡尔•费休试剂，其中的二氧化硫、吡啶、甲醇的用量都是过量的。对于常用的卡尔·费休试剂，若以甲醇为溶剂，试剂浓度每毫升相当于 3.5 mL 水，则试剂中各组分摩尔比为 $I_2:SO_2:C_5H_5N=1:3:10$。

卡尔·费休试剂的有效浓度取决于碘的浓度。新鲜配制的试剂，由于各种不稳定因素，其有效浓度会不断降低。因此，新鲜配制的卡尔·费休试剂，混合后需放置一定的时间后才能使用，而且每次使用前均应标定。通常碘、二氧化硫、吡啶按 1+3+10 的比例溶解在甲醇溶液中，该溶液被称为卡尔·费休法试剂，通常用纯水作为基准物来标定该试剂。

滴定终点的确定有两种方法：

一种方法是用试剂本身所含的碘作为指示剂，试液中有水分存在时，显淡黄色；随着水分的减少，在接近终点时呈琥珀色；当刚出现微弱的棕黄色时，即为滴定终点。棕色表示有过量的碘存在。该法适用于水分含量在 1%以上的样品，所产生的误差并不大。

另一种方法为双指示电极电流滴定法，又称永停滴定法，其原理是将两个微铂电极插在被测样液中，给两电极间施加 10～25 mV 电压，在开始滴定至终点前，因体系中只有碘化物而无游离状态的碘，电极间的极化作用使外电路中无电流通过（即微安表指针始终不动），而当过量 1 滴卡尔·费休试剂滴入体系后，由于游离碘的出现使体系变为去极化，则溶液开始导电，外路有电流通过，微安表指针偏转一定刻度并稳定不变，即为终点。该法适用于测定含微量、痕量水分的样品或测定深色样品，更适用于测定深色样品及微量、痕量水。

卡尔·费休广泛用于各种样品的水分含量测定，特别适用于痕量水分分析（如面粉、砂糖、人造奶油、可可粉、糖蜜、茶叶、乳粉、炼乳及香料等），其测定准确性比直接干燥法要高，也是测定脂肪和油类物品中微量水分的理想方法。但对于含有强还原性组分（如维生素 C）的样品，不宜用此法测定。试验表明，卡尔·费休法测定糖果样品的水分，等于烘箱干燥法测定的水分加上干燥法烘过的样品再用卡尔·费休法测定的残留水分。由此说明，卡尔·费休法不仅可以测得样品中的自由水，而且可以测出其结合水，也就是说，用该法所测得的结果更能反映出样品总水分含量。

卡尔·费休水分测定仪主要部件包括反应瓶、自动注入式滴定管、磁力搅拌器及适合于永停测定终点的电位测定装置。

1. 试剂

①无水甲醇：要求其含水量在 0.05 %以下。

②无水吡啶：要求其含水量在 0.01 %以下。

③碘：将碘置于硫酸干燥器内干燥 48 h 以上。

④二氧化硫：采用钢瓶装的二氧化硫或用硫酸分解亚硫酸钠而制得。

⑤卡尔·费休试剂：取无水吡啶 133 mL、碘 42.33 g，置于具塞烧瓶中，注意冷却。摇动烧瓶至碘全部溶解，再加无水甲醇 333 mL，称重。待烧瓶充分冷却后，通入干燥的二氧化硫至质量增加 32 g，然后加塞摇匀，在暗处放置 24 h 后使用。标定时准确称取蒸馏水 30 mg，放入干燥的反应瓶中，加入无水甲醇 2～5 mL，不断搅拌，用卡尔·费休试剂滴定至终点。另做试剂空白。卡尔·费休试剂对水的滴定度 T （mg/mL）按下式计算：

$$T = \frac{W}{V_1 - V_2} \tag{3-2}$$

式中：

W ——称取蒸馏水的质量；

V_1 ——标定消耗滴定剂的体积；

V_2 ——空白消耗滴定剂的体积。

2. 操作方法

①准确称取适量样品（含水约 100 mg），放入预先干燥好的 50 mL 圆底烧瓶中，加入 40 mL 无水甲醇，立即装好冷凝管并加热，让瓶中内容物徐徐沸腾 15 min，取下冷凝管并加盖。吸取 10 mL 样液于反应瓶中，不断搅拌，用卡尔·费休试剂滴定至终点。同时做试剂空白。

②对于固体样，如糖果必须预先粉碎，称 0.30～0.50 g 样品于称样瓶中，取50 mL 甲醇于反应器中，所加甲醇要能淹没电极→用卡尔·费休试剂滴定 50 mL 甲醇中的痕量水→滴至指针与标定时相当并且保持 1 min 不变时→打开加料口→将称好

的试样立即加入→塞上皮塞→搅拌→用卡尔•费休试剂滴至终点,保持 1 min 不变→记录。

3.说明及注意事项

此法适用于糖果、巧克力、油脂、乳糖和脱水果蔬类等样品,样品的颗粒大小非常重要。固体样品粒度为 40 目,最好用破碎机处理,不用研磨机,以防止水分损失。如果食品中含有氧化剂、还原剂、碱性氧化物、氢氧化物、碳酸盐、硼酸等,都会与卡尔•费休试剂所含组分起反应,干扰测定。含有强还原性的物料(包括维生素C)的样品不宜用此法。滴定操作要求迅速,加试剂的间隔时间应尽可能短。卡尔•费休法不仅可测得样品中的自由水,而且可测出结合水,即此法测得结果更客观地反映出样品中的总水分含量。

(四)其他方法

介电容量法:根据样品的介电常数与含水率有关,以含水食品作为测量电极间的充填介质,通过电容的变化达到对食品水分含量的测定。需要使用已知水分含量的样品(标准方法测定)制定标准曲线进行校准。需要考虑样品的密度、样品的温度等因素。

电导率法原理:当样品中水分含量变化时,可导致其电流传导性随之变化,因此通过测量样品的电阻来确定水分含量,就成为一种具有一定精确度的快速分析方法。必须保持温度恒定,每个样品的测定时间必须恒定为 1 min。

红外吸收光谱法:红外线是一种电磁波,一般指波长为 0.75~1000 μm 的光,根据水分对某一波长的红外光的吸收强度与其在样品中的含量存在一定的关系建立了红外吸收光谱测水分法。

折光法:通过测量物质的折射率来鉴别物质的组成,确定物质的纯度、浓度及判断物质的品质的分析方法称为折光法,用于测定可溶性固形物的含量。

第二节　食品中蛋白质的检验

蛋白质是食品的重要组成成分。蛋白质一词，在希腊文中是"第一重要"的意思。蛋白质是生命的基础。食品的营养价值的高低，主要看蛋白质的高低。除了保证食品的营养价值外，蛋白质在决定食品的色、香、味及结构等特征上也起着重要的作用。

蛋白质是人体新陈代谢的基础物质，蛋白质的基本理化特性使食品能够成为水化的固态体系，赋予食品黏着性、湿润性、膨胀性、弹性、韧性等流变学特性。

一、蛋白质概述

蛋白质是复杂的含氮有机化合物，主要由碳、氢、氧、氮、硫五种元素组成，某些蛋白质还含有微量铁、铜、磷、锌等金属元素。食品蛋白质由 20 多种氨基酸通过酰胺键以一定的方式结合起来，并具有复杂的空间结构。含 N 是蛋白质区别于其他有机化合物的重要标志。目前构成蛋白质的氨基酸共有 20 种，其中有 8 种氨基酸（赖氨酸、色氨酸、苯丙氨酸、苏氨酸、蛋氨酸、异亮氨酸、亮氨酸和缬氨酸）是人体不能合成的或仅能以极慢的速度合成，满足不了人体正常代谢的需要，这 8 种氨基酸称为人体必需氨基酸，其他非必需氨基酸可以从必需氨基酸、糖、脂肪代谢的中间产物合成。不同的食品蛋白质，氨基酸含量差别较大。

蛋白质是人体重要的营养物质，测定食品中的蛋白质含量，对合理调配膳食，保证不同人群的营养需求，掌握食品的营养价值，合理开发利用食品资源，控制食品加工中食品的品质、质量都具有重要的意义。蛋白质是组成人体的重要成分之一，人体的一切细胞都由蛋白质组成，蛋白质还能够维持体内酸碱平衡，是重要的营养物质。如果膳食中蛋白质长期不足，将出现负氮平衡，也就是说每天体内的排出氮大于抗体摄入氮，这样造成的消化吸收不良将导致腹泻等。对于一个体重 65 kg 的人来说，若每天从体内排出氮 3.5 g（其中尿液排出 2.4 g、粪便 0.8 g、皮肤 0.3 g），一般以蛋白质含氮量 16%

计算的话，3.5 g 相当于蛋白质含量 22 g（6.25×3.5），也就是说每日至少通过膳食供给 22 g 蛋白质，才能达到氮平衡，即摄入体内的氮数量与排出氮的数量相等。所以我们说蛋白质对人体健康影响很大。

二、蛋白质含量的检验

目前，测定蛋白质的方法分为两大类：一类是利用蛋白质的共性，即含氮量、肽链和折射率测定蛋白质含量；另一类是利用蛋白质中特定氨基酸残基、酸、碱性基团和芳香基团测定蛋白质含量。最常用的方法是凯氏定氮法。此外，双缩脲分光光度比色法、染料结合分光光度比色法、酚试剂法等也常用于蛋白质含量测定。近年来，国外采用红外检测仪，利用一定的波长范围内的近红外线具有被食品中蛋白质组分吸收和反射的特性，而建立了近红外光谱快速定量法。

对于不同的蛋白质，它的组成和结构不同，但从分析数据可以得到近似的蛋白质的元素组成百分比，C、H、O 元素组成百分比依次为 50%、7%和 23%，而 N、S、P 元素组成的百分比则依次为 16%、0～3%和 0～3%。一般来说，蛋白质的平均含氮量为 100/16，所以在用凯氏定氮法定量蛋白质时，将测得的总氮量乘上蛋白质的换算系数 K=6.25 即为该物质的蛋白质含量。但是我们必须知道，当测定的样品其含氮的系数与上面 100/16 相差较大时，采用 6.25 将会引起显著的偏差。不同的蛋白质其氨基酸组成及方式不同，所以各种不同来源的蛋白质，其含 N 量也不相同，一般蛋白质含 N 量为 16%，即 1 份 N 元素相当于 6.25 份蛋白质，此系数称为蛋白质换算系数。

（一）凯氏定氮法

凯氏定氮法是目前普遍采用的测定有机氮总量较为准确、方便的方法之一，适用于所有食品，所以国内外应用较为广泛，是经典的分析方法之一，也是国家标准中的第一方法，该法由丹麦人凯道尔于 1883 年提出。凯氏定氮法是将蛋白质消化，测定其总 N 量，再换算成为蛋白质含量的方法。食品中的含 N 物质，除蛋白质外，还有少量的非蛋白质含 N 物质，所以该法测定的蛋白质含量应称为粗蛋白质。

凯氏定氮法有常量法、微量法及改良法，其原理基本相同，只是所使用的样品数量和仪器不同。而改良的常量法主要是催化剂的种类、硫酸和盐类添加量不同，一般采用硫酸铜、二氧化钛或硒、汞等物质代替硫酸铜。有些样品中含有难以分解的含 N 化合物，如蛋白质中含有色氨酸、赖氨酸、组氨酸、酪氨酸、脯氨酸等，单纯以硫酸铜作为催化剂，18 h 或更长时间也难分解，单独用汞化合物，在短时间内即可，但它有毒性。下面主要介绍微量凯氏定氮法。

（1）原理：食品与硫酸和催化剂一起加热消化，使蛋白质分解，其中 C、H 形成 CO_2 及 H_2O 逸去，而氮以氨的形式与硫酸作用，形成硫酸铵留在酸液中。将消化液碱化、蒸馏，使氨游离，随水蒸气蒸出，被硼酸吸收，用盐酸标准溶液滴定所生成的硼酸铵，根据消耗的盐酸标准溶液的量，计算出总氮量。

（2）方法摘要：样品中的有机物和含 N 有机化合物，经浓 H_2SO_4 加热消化，H_2SO_4 使有机物脱水，炭化为碳；碳将 H_2SO_4 还原为 SO_2，而本身则变为 CO_2；SO_2 使 N 还原为 NH_3，而本身则氧化为 SO_2，而消化过程中所生成的新生态氢，又加速了氨的形成。在反应中生成物 CO_2、H_2O 和 SO_2、SO_3 逸去，而 NH_3 与 H_2SO_4 结合生成（NH_4）$_2SO_4$ 留在消化液中。

$$蛋白质 + H_2SO_4 \rightarrow C$$
$$C + H_2SO_4 \rightarrow SO_2 + CO_2 \uparrow$$
$$SO_2 + [N] \rightarrow NH_3 + SO_3 \uparrow$$
$$NH_3 + H_2SO_4 \rightarrow \left(NH_4\right)_2 SO_4$$

浓硫酸具有脱水性，使有机物脱水并炭化为碳、氢、氮。浓硫酸又有氧化性，使炭化后的碳氧化为二氧化碳，硫酸则被还原成二氧化硫：

$$2H_2SO_4 + C \stackrel{\Delta}{=\!=} 2SO_2 + 2H_2O + CO_2 \uparrow$$

二氧化硫使氮还原为氨，本身则被氧化为三氧化硫，氨随之与硫酸作用生成硫酸铵留在酸性溶液中。（NH_4）$_2SO_4$ 在碱性条件下，加热蒸馏，释放出氨。

$$\left(NH_4\right)_2 SO_4 + 2NaOH = 2NH_3 \uparrow + Na_2SO_4 + 2H_2O$$

蒸馏过程中所放出的 NH_3，可用一定量的标准硼酸溶液吸收，再用标准盐酸溶液直接滴定。

$$2NH_3 + 4H_3BO_3 = (NH_4)_2 B_4O_7 + 5H_2O$$
$$(NH_4)_2 B_4O_7 + HCl + 5H_2O = 2NH_4Cl + 4H_3BO_3$$

硼酸溶液仅呈极微弱的酸性，在此反应中并不影响所加的指示剂的变色反应，但具有吸收氨的作用，所以采用硼酸溶液作为吸收剂。

（3）主要试剂：所有试剂，如未注明规格，均指分析纯；所有实验用水，如未注明其他要求，均指三级水。

硫酸（密度为 1.841 9 g/L）；

硫酸钾；

硫酸铜（$CuSO_4 \cdot 5H_2O$）；

硼酸溶液（20 g/L）；

氢氧化钠溶液（400 g/L）；

混合指示液：1 份甲基红乙醇溶液（1/L）与 5 份溴甲酚绿乙醇溶液（1/L）临用时混合，也可用 2 份甲基红乙醇溶液（1/L）与 1 份亚甲基蓝乙醇溶液（1 g/L）临用时混合。变色点 pH=5.4，呈灰色；酸色为红紫色，碱色为绿色。

硫酸标准滴定溶液 [c（$1/2H_2SO_4$）=0.050 0 mol/L] 或盐酸标准滴定溶液 [c（HCl）=0.050 0 mol/L]。

（4）分析步骤。

①试样处理准备。称取 0.20～2.00 g 固体试样或 2.00～5.00 g 半固体试样或吸取 10.00～25.00 mL 液体试样（相当于氮 30～40 mg），移入干燥的 100 mL 或 500 mL 定氮瓶中，加入 0.2 g 硫酸铜、6 g 硫酸钾及 20 mL 硫酸，稍摇匀后于瓶口放一个小漏斗。注意：小心转移 20 mL 浓硫酸，防止烧伤。

②消化。将准备好的凯氏烧瓶以 45° 角斜支于有小孔的石棉网上。开始用微火小心加热（小心瓶内泡沫冲出而影响结果），待内容物全部炭化，泡沫完全停止，瓶内有白烟冒出后，升至中温，白烟散尽后升至高温，加强火力，并保持瓶内液体微沸（为加快消化速度，可分数次加入 10 mL 30% 过氧化氢溶液，但必须将烧瓶冷却数分钟以后加入），经常转动烧瓶，观察瓶内溶液颜色的变化情况，当烧瓶内容物的颜色逐渐转变为澄清透明的蓝绿色后，继续消化 0.5～1 h（若凯氏烧瓶壁粘有碳化粒时，进行摇动或待瓶中内

容物冷却数分钟后，用过氧化氢溶液冲下，继续消化至透明为止）。然后取下并使之冷却。提示：控制加热温度是关键。

③定容。向消化好并冷却至室温的试样消化液中小心加入 20 mL 水，摇匀放冷，小心移入 100 mL 容量瓶中，再用蒸馏水少量多次洗涤凯氏烧瓶，并将洗液一并转入容量瓶中，直至将烧瓶洗至中性，表明铵盐无损地移入容量瓶中，充分摇匀后，加水至刻度线定容，静置至室温，混匀备用。同样条件下做一试剂空白试验。注：在消化完全后，消化液应呈清澈透明的蓝绿色或深绿色（铁多），故 $CuSO_4$ 在消化中还起指示作用。同时应注意凯氏瓶内液体刚清澈时并不表示所有的 N 均已转化为氨，因此消化液仍要加热一段时间。

④蒸馏。按要求安装好定氮装置，保证管路密闭不漏气。在蒸气发生瓶内装水至 2/3 处，加甲基橙指示剂 3 滴及 1~5 mL 硫酸，以保持水呈酸性［防止水中含有 N，加硫酸使其以 $(NH_4)_2SO_4$ 形式固定下来，使其蒸馏中不会被蒸发］，开通电源加热至沸腾。打开进气口，关闭废液出口，接通冷凝水，空蒸 5~10 min，冲洗定氮仪、样杯、碱杯和内室。分别关闭进气口（注意不要同时关闭所有进气口），使废液自动倒吸于定氮仪外室，再由样杯加入少量水，再次冲洗，当废液全部吸入外室后，再放排液口，并使其敞开。在 250 mL 锥形瓶中加入 10 mL（20 g/L）硼酸溶液及 1~2 滴混合指示液，放置冷凝器的下端，并使冷凝管下端插入液面下。

准确吸取 10 mL 试样处理液，由样杯加入定氮仪内室，并用 10 mL 水冲洗样杯，但内室中溶液总体积不超过内室的 2/3（约 50 mL），盖上棒状玻塞，加水至杯口 1~2 cm，以防漏气，关闭排液口，迅速由碱杯加入 10 mL NaOH 溶液（400 g/L）（溶液应呈强碱性，注意内室颜色变化），通入蒸汽开始蒸馏。注：NaOH 必须充分，即在反应中是过剩的，保证消化液中的硫酸铵完全转变为氨气，故 Cu_2SO_4 还可在碱蒸馏时作为碱性反应的指示剂，即 $CuSO_4 + 2NaOH$（要充分）$\rightarrow Cu(OH)_2$（棕褐色）$+NA_2SO_4$。

关闭排液口，蒸汽进入反应室（内室），使 NH_3 通过冷凝管而进入接收瓶被硼酸吸收，蒸馏 5 min（蒸至液面达约 150 mL），移开接收瓶，使冷凝管下端离开液面，让玻璃管靠在锥形瓶的瓶壁，出液口在 200 mL 刻度线以上，继续蒸馏 1 min，蒸至液位达 200 mL。然后用少量水冲洗冷凝管下端外部，将洗液一并聚集于硼酸溶液中，取下接收瓶。用蒸馏水冲洗冷凝管下端。注：蒸馏时要注意蒸馏情况，避免瓶中的液体发泡冲出，进入接受瓶。火力太弱，蒸馏瓶内压力减低，则接受瓶内液体会倒流，造成实验失败。

关闭进气口，停止送气，废液将自动倒吸入外室。待倒吸完全时，将样杯中的蒸馏水分数次放入，冲洗内室，待洗液全部吸入外室后，再打开排液口，放净废液。

按上述步骤，换下一个试样蒸馏，同时准确吸取 10 mL 试剂空白消化液做空白实验。

⑤滴定。取下接收瓶，用 0.05 mol/L HCl 标准溶液滴定至灰色或蓝紫色为终点。

（5）结果计算。

试样中蛋白质的含量按下式进行计算：

$$X = \frac{(V_1 - V_2) \times c \times 0.0140}{m} \times F \times 100 \qquad (3-3)$$

式中，X——样品中蛋白质的含量；

V_1——样品消耗硫酸或盐酸标准滴定液的体积；

V_2——试剂空白消耗硫酸或盐酸标准滴定液的体积；

c——硫酸或盐酸标准滴定溶液的浓度；

0.0140——1.0 mL 盐酸[c（HCl）=1.000 mol/L]或硫酸[c（1/2H$_2$SO$_4$）=1.000 mol/L]或标准滴定溶液相当的氮的质量；

m——样品的质量或体积；

F——氮换算为蛋白质的系数。乳粉为 6.38，纯谷物类（配方）食品为 5.90，含乳婴幼儿谷物（配方）食品为 6.25，大豆及其制品为 5.71。

计算结果保留三位有效数字。在重复性条件下获得的两次独立测定结果的绝对差值不得超过算术平均值的 10%。

（6）注意事项。

加入样品及试剂时，避免黏附在瓶颈上。

加入硫酸钾的作用：提高硫酸的沸点（338 ℃），提高反应速度。在消化过程中温度起着重要的作用，消化温度一般控制在 360 ℃～410 ℃，低于 360 ℃，消化不易完全，特别是杂环氮化物，不易分解，使结果偏低，高于 410 ℃则容易引起氮的损失。而 H$_2$SO$_4$ 的沸点仅为 330 ℃，K$_2$SO$_4$ 的沸点为 400 ℃，10 g 硫酸钾将沸点提高至接近 400 ℃，在消化过程中，随着 H$_2$SO$_4$ 的不断分解，水分不断蒸发，K$_2$SO$_4$ 浓度逐渐升高，则沸点升高，加速对有机物的分解作用。但过多的硫酸钾会造成沸点太高，生成的硫酸氢铵在 513 ℃ 时会分解。

$$K_2SO_4 + H_2SO_4 = 2KHSO_4$$
$$2KHSO_4 = K_2SO_4 + H_2O + SO_3 \uparrow$$
$$(NH_4)_2 SO_4 \xrightarrow{\Delta} NH_3 \uparrow + (NH_4)HSO_4$$
$$2(NH_4)HSO_4 \xrightarrow{\Delta} 2NH_3 \uparrow + 2SO_3 \uparrow + 2H_2O$$
$$2CuSO_4 \xrightarrow{\Delta} Cu_2SO_4 + SO_2 \uparrow + O_2$$

消化中若 H_2SO_4 消耗过多，则会影响盐的浓度，一般在凯氏瓶口插一个小漏斗，以减少 H_2SO_4 的损失。

消化中加入硫酸铜作为催化剂，加速氧化作用。凯氏定氮法中可用的催化剂种类很多，除硫酸铜外，还有氧化汞、汞、硒粉等，但考虑到效果、价格及环境污染等多种因素，应用最广泛的是硫酸铜，使用时常加入少量过氧化氢、次氯酸钾等作为氧化剂以加速有机物的氧化分解。硫酸铜的作用机制如下所示：

$$C + 2CuSO_4 \xrightarrow{\Delta} Cu_2SO_4 + SO_2 \uparrow + CO_2 \uparrow$$
$$Cu_2SO_4 + 2H_2SO_4 \rightarrow Cu_2O_4 + 2H_2O + SO_2 \uparrow$$

此反应不断进行，待有机物全部被消化完后，不再有硫酸亚铜（Cu_2SO_4 褐色）生成，溶液呈现清澈的二价铜的蓝绿色。故硫酸铜除起催化剂的作用外，还可指示消化终点，以及下一步蒸馏时作为碱性反应的指示剂。

（二）改良的凯氏定氮法——比色法

（1）原理：蛋白质是含氮的有机化合物。食品与硫酸和催化剂一同加热消化，使蛋白质分解，分解的氨与硫酸结合生成硫酸铵。然后碱化蒸馏使氨游离，用磷酸吸收后再以硫酸或盐酸标准溶液滴定，根据酸的消耗量乘以换算系数，即为蛋白质含量。

（2）试剂。

硫酸铜。

硫酸钾。

硫酸。

氢氧化钠溶液（300 g/L）：称取 30 g 氢氧化钠加水溶解后，放冷，并稀释至 100 mL。

对硝基苯酚指示剂溶液（1 g/L）：称取 0.1 g 对硝基苯酚指示剂溶于 20 mL 95%乙醇中，加水稀释至 100 mL。

乙酸溶液（1 mol/L）：量取 5.8 mL 冰乙酸，加水稀释至 100 mL。

乙酸钠溶液（1 mol/L）：称取 41 g 无水乙酸钠或 68 g 乙酸钠（$CH_3COONa \cdot 3H_2O$），加水溶解后稀释至 500 mL。

乙酸钠-乙酸缓冲溶液：量取 60 mL 乙酸钠溶液（1 mol/L）与 40 mL 乙酸溶液（1 mol/L）混合，该溶液为 pH=4.8。

显示剂：15 mL 37%甲醛与 7.8 mL 乙酰丙酮混合，加水稀释至 100 mL，剧烈振摇，混匀（室温下放置 3 日）。

氨氮标准储备溶液（1.0 g/L）：精密称取 105 ℃干燥 2 h 的硫酸铵 0.4720 g，加水溶解后移入 100 mL 容量瓶中，并稀释至刻度，混匀，此溶液每毫升相当于 1.0 mg NH_3-N（10 ℃冰箱内储存稳定 1 年以上）。

氨氮标准使用溶液（0.1 g/L）：用移液管精密吸取 10 mL 氨氮标准储备液（1.0 mg/mL）于 100 mL 容量瓶内，加水稀释至刻度，混匀，此溶液每毫升相当于 100 μg NH_3-N（10 ℃下冰箱内贮存稳定 1 个月）。

（3）仪器：分光光度计；电热恒温水浴锅（100±0.5）℃；10 mL 具塞玻璃比色管。

（4）分析步骤。

①试样消解：精密称取经粉碎混匀过 40 目筛的固体试样 0.1～0.5 g 或半固体试样 0.2～1.0 g 或吸取液体试样 1～5 mL，移入干燥的 100 mL 或 250 mL 定氮瓶中，加 0.1 g 硫酸铜、1 g 硫酸钾及 5 mL 硫酸，摇匀后于瓶口放一个小漏斗，将瓶以 45°角斜支于有小孔的石棉网上。小心加热，待内容物全部炭化，泡沫完全停止后，加强火力，并保持瓶内液体微沸，至液体呈蓝绿色澄清透明后，再继续加热 0.5 h。取下放冷，小心加 20 mL 水，放冷后移入 50 mL 或 100 mL 容量瓶中，并用少量水洗定氮瓶，洗液并入容量瓶中，再加水至刻度，混匀备用。取与处理试样相同量的硫酸铜、硫酸钾、硫酸铵，同一方法做试剂空白试验。

②试样溶液的制备：精密吸取 2～5 mL 试样或试剂空白消化液于 50～100 mL 容量瓶内，加 1～2 滴对硝基苯酚指示剂溶液（1 g/L），摇匀后滴加氢氧化钠溶液（300 g/L）中和至黄色，再滴加乙酸（1 mol/L）至溶液无色，用水稀释至刻度，混匀。

③标准曲线的绘制：精密吸取 0、0.05 mL、0.1 mL、0.2 mL、0.4 mL、0.6 mL、0.8 mL、1.0 mL 氨氮标准使用溶液（相当于 NH_3-NO、5.0 μg、10.0 μg、20.0 μg、40.0 μg、60.0 μg、80.0 μg、100.0 μg），分别置于 10 mL 比色管中。向各比色管中分别加入 4 mL 乙酸钠-乙酸缓冲溶液（pH=4.8）及 4 mL 显色剂，加水稀释至刻度，混匀。置于 100% 水浴中加热 15 min。取出用水冷却至室温后，移入 1 cm 比色皿内，以零管为参比，于波长 400 nm 处测量吸光度，根据标准各点吸光度绘制标准曲线或计算直线回归方程。

④试样测定：精密吸取 0.5～2.0 mL（约相当于氮小于 100 μg）试样溶液和同量的试剂空白溶液，分别置于 10 mL 比色管中。其余步骤同上。试样吸光度与标准曲线比较定量或代入标准回归方程求出含量。

（5）计算结果：试样中蛋白质的含量按下式进行计算。

$$X = \frac{c - c_0}{m \times \dfrac{V_2}{V_1} \times \dfrac{V_4}{V_3} \times 10000} \times F \times 100 \qquad (3\text{-}4)$$

式中：X ——试样中蛋白质的含量；

c ——试样测定液中氮的含量；

c_0 ——试剂空白测定液中氮的含量；

V_1 ——试样消化液定容体积；

V_2 ——制备试样溶液的消化液体积；

V_3 ——试样溶液总体积；

V_4 ——测定用试样溶液体积；

m ——试样质量或体积；

F ——氮换算为蛋白质的系数。蛋白质中的氮含量一般为 15%～17.6%，按 16% 计算，乘以 6.25 即为蛋白质，乳制品为 6.38，面粉为 5.70，玉米、高粱为 6.24，花生为 5.46，米为 5.95，大豆及其制品为 5.71，肉与肉制品为 6.25，大麦、米、燕麦、裸麦为 5.83，芝麻、向日葵为 5.30。

精密度要求在重复性条件下获得的两次独立测定结果的绝对差值不得超过算术平均值的 5%。

原理同凯氏定氮法。称取一定量的样品于消化管中，加一粒凯氏片于消化管中，然后加入 5 mL 浓硫酸，放置过夜，同时做好样品空白管。在消化过程中，要先用低温消化，以防止高温消化时样品溢出，低温消化 1 h 后，将温度升到最高档，至消化液无色透明。待消化液冷却后，加入少量的水冲洗消化管内壁并振荡，直至液体无色。放至室温后，加水至一定体积，作为样品溶液和试剂空白溶液，待测。

开启自动分析仪电源，输入测定时的参数，使产生蒸汽，同时调节蒸汽表，使蒸汽表的指针指到 Normal。最后将消化管装入，关闭安全门后，开始自动定氮。当循环结束灯亮时，记录滴定结果，打开安全门，进行下一个样品测定。此仪器消耗盐酸溶液的最佳用量范围在 0.5～7 mL。

三、氨基酸的检验

氨基酸是蛋白质的基本结构单元。食品中除少量的游离氨基酸外，绝大多数氨基酸以蛋白质形式存在，食品蛋白质的水解物中，通常含有 20 多种氨基酸。食品中氨基酸的分离分析方法，主要有紫外-可见分光光度法、荧光分光光度法、色谱法等。

（一）电位甲醛滴定法测定氨基酸含量

（1）原理。氨基酸有氨基及羧基两性基团，它们相互作用形成中性内盐，利用氨基酸的两性作用，加入甲醛以固定氨基的碱性，使羧基显示出来酸性，用氢氧化钠标准溶液滴定后定量，根据酸度计指示 pH 值，控制终点。

（2）试剂。

甲醛（36%）：应不含有聚合物。

氢氧化钠标准滴定溶液 [c（NaOH）=0.050 mol/L]。

（3）仪器。

酸度计：包括标准缓冲溶液和 KC1 饱和溶液；

20 mL 移液管；

10 mL 微量滴定管；

100 mL 容量瓶；

250 mL 烧杯。

（4）测定方法。

吸取 5.0 mL 试样，置于 100 mL 容量瓶中，加水至刻度，混匀，备用。

吸取上述稀释液 20.00 mL 置于 200 mL 烧杯中，加 60 mL 水，插入电极，开动磁力搅拌器，用氢氧化钠标准滴定溶液滴定至酸度计指示 pH=8.2，记录消耗氢氧化钠标准滴定溶液的毫升数（可计算总酸含量）。

向上述溶液中准确加入 10.0 mL 甲醛溶液，混匀。再用氢氧化钠标准滴定溶液继续滴定至 pH=9.2，记录加入甲醛后滴定所消耗氢氧化钠标准滴定溶液的毫升数。

取 80 mL 水，先用氢氧化钠标准滴定溶液滴定至酸度计指示 pH=8.2，再加入 10.0 mL 甲醛溶液，混匀，再用氢氧化钠标准滴定溶液滴定至 pH=9.2，记录加入甲醛后滴定所消耗氢氧化钠标准滴定溶液的毫升数。

（5）结果计算。试样中氨基酸态氮的含量为：

$$X = \frac{(V_1 - V_2) \times c \times 0.0140}{5 \times \frac{V_3}{100}} \times 100 \quad\quad (3\text{-}5)$$

式中：X ——试样中氨基酸态氮的含量；

V_1 ——测定用试样稀释液加入甲醛后消耗标准碱液的体积；

V_2 ——测定空白试验加入甲醛后消耗标准碱液的体积；

c ——氢氧化钠标准溶液的浓度；

0.0140——与 1.00 mL 氢氧化钠标准滴定溶液 [c（NaOH）=1.000 mol/L] 相当的氮的质量；

V_3——总酸的含量。

计算结果保留两位有效数字。在重复性条件下获得的两次独立测定结果的绝对差值不得超过算术平均值的 10%。

（6）注意事项。

加入甲醛后放置时间不宜过长，应立即滴定，以免甲醛聚合，影响测定结果。由于铵离子能与甲醛作用，样品中若含有铵盐，将会使测定结果偏高。

（二）茚三酮比色法测定氨基酸含量

（1）原理。茚三酮与氨基酸在弱酸性条件下一起加热，茚三酮转化为还原型水合茚三酮，氨基酸的 a-NH 和-COOH 被氧化，脱氮、脱羧产生氨和 CO_2。还原型水合茚三酮、茚三酮与氨作用，产生蓝紫色化合物，脯氨酸和羟脯氨酸与茚三酮反应，产生黄色物质。

（2）测定方法要点。称取 0.6 g 结晶茚三酮，加 15 mL 正丙醇。溶解后加入 30 mL 正丁醇和 6 mL 乙二醇，最后加入 9 mL 醋酸-醋酸钠缓冲溶液，储于暗处备用。

称取 80 ℃烘干的亮氨酸 46.8 mg，溶于 10%异丙醇中并稀释至 100 mL，取此液 5 mL 加水定容至 50 mL，即为 5 μg/mL 的标准溶液。

吸取样液 1~4 mL 于试管中，加水 1 mL，加 0.1 mL 0.1%抗坏血酸溶液和 3 mL 茚三酮溶液，摇匀。沸水浴加热 15 min，取出冷水浴迅速冷却，静置 15 min，使加热形成的红色被空气氧化褪色至蓝紫色。用 60%乙醇溶液定容至 20 mL，混匀，测吸光度值。

取 0~5 mg 标准氨基酸系列做标准曲线。

（3）说明。显色反应的茚三酮试剂，随着时间推移发色率会降低。

第三节　食品中酸度的检验

食品中的酸味物质，主要是溶于水的一些有机酸和无机酸。在果蔬及其制品中，以苹果酸、柠檬酸、酒石酸、琥珀酸和醋酸为主。在肉、鱼类食品中则以乳酸为主。此外，还有一些无机酸，像盐酸、磷酸等。这些酸味物质，有的是食品中的天然成分，像葡萄中的酒石酸、苹果中的苹果酸；有的是人为加进去的，像配制型饮料中加入的柠檬酸；还有的是在发酵中产生的，像酸牛奶中的乳酸。

一、食品中酸味物质的作用

（一）显味剂

不论是哪种途径得到的酸味物质，都是食品重要的显味剂，对食品的风味有很大的影响。其中大多数的有机酸具有很浓的水果香味，能刺激食欲，促进消化。有机酸在维持人体体液酸碱平衡方面起着重要的作用。

（二）保持颜色稳定

食品中的酸味物质的存在，即 pH 的高低，对保持食品的颜色的稳定性，也起着一定的作用。在水果加工过程中，如果加酸降低介质的 pH，可抑制水果的酶促褐度；选用 pH 值为 6.5～7.2 的沸水热烫蔬菜，能很好地保持绿色蔬菜特有的鲜绿色。

（三）防腐作用

酸味物质在食品中还能起到一定的防腐作用。当食品的 pH 小于 2.5 时，一般除霉菌外，大部分微生物的生长都受到了抑制；若将醋酸的浓度控制在 6％时，可有效地抑制腐败菌的生长。

二、食品中酸度检验的意义

（一）测定酸度可判断果蔬的成熟程度

如果测定出葡萄所含的有机酸中苹果酸高于酒石酸时，说明葡萄还未成熟，因为成熟的葡萄含大量的酒石酸。不同种类的水果和蔬菜，酸的含量因成熟度、生长条件而异，一般成熟度越高，酸的含量越低。如番茄在成熟过程中，总酸度从绿熟期的 0.94% 下降到完熟期的 0.64%，同时糖的含量增加，糖酸比增大，具有良好的口感，故通过对酸度的测定可判断原料的成熟度。

（二）可判断食品的新鲜程度

新鲜牛奶中的乳酸含量过高，说明牛奶已腐败变质；水果制品中有游离的半乳糖醛酸，说明受到霉烂水果的污染。

（三）酸度反映了食品的质量指标

食品中有机酸含量的多少，直接影响食品的风味、色泽、稳定性和品质的高低。酸的测定对微生物发酵过程具有一定的指导意义。发酵制品中的酱油、食醋等中的酸也是一个重要的质量指标。

另外，酸在维持人体体液的酸碱平衡方面起着显著的作用。我们每个人对体液 pH 也有一定的要求，人体体液 pH 值为 7.3～7.4，如果人体体液的 pH 过大，就会抽筋，过小则又会发生酸性中毒。

三、食品中的酸度的种类和表示

食品中常见的有机酸有柠檬酸、苹果酸、酒石酸、草酸、琥珀酸、乳酸及醋酸等。这些有机酸有的是食品原料中固有的，如水果蔬菜及其制品中的有机酸；有的是在食品加工中添加进去的，如汽水中的有机酸；有的是在生产加工储存中产生的，如酸奶、食醋中的有机酸。一种食品中可同时含有一种或多种有机酸。如苹果中主要含有苹果酸（1.02%），含柠檬酸较少（0.03%）；菠菜中则以草酸为主，此外还含有苹果酸及柠檬酸等。有些食品中的酸是人为添加的，故较为单一，如可乐中主要含有磷酸。

食品中的酸度通常用总酸度（滴定酸度）、有效酸度、挥发性酸度来表示。

总酸度，是指食品中所有酸性物质的总量，包括已离解的酸浓度和未离解的酸浓度，采用标准碱液来滴定，并以样品中主要代表酸的含量（%）表示。

有效酸度，指样品中呈离子状态的氢离子的浓度，用 pH 计进行测定，用 pH 表示。

挥发性酸度，指食品中易挥发部分的有机酸。如乙酸、甲酸等，可用直接或间接法进行测定。

牛乳酸度，牛乳中有两种酸度，外表酸度和真实酸度。牛乳的总酸度为外表酸度与真实酸度之和。

外表酸度又称固有酸度或潜在酸度，是指刚挤出来的新鲜牛乳本身所具有的酸度，主要来源于鲜牛乳中的酪蛋白、白蛋白、柠檬酸盐及磷酸盐等酸性成分。外表酸度在鲜乳中占 0.15%~0.18%（以乳酸计）；真实酸度又称发酵酸度，是指牛乳在放置过程中，由乳酸菌作用于乳糖产生乳酸而升高的那部分酸度。若牛乳的含酸量超过 0.20%，即认为有乳酸存在。习惯上把含酸量在 0.20% 以下的牛乳列为新鲜牛乳，而 0.20% 以上的列为不新鲜牛乳。

牛乳酸度有两种表示方法：①用°T 表示牛乳的酸度，是指滴定 100 mL 牛乳所消耗 0.1 mol/L 的氢氧化钠的体积（mL）或滴定 10 mL 牛乳所消耗 0.1 mol/L 的氢氧化钠的体积（mL）乘以 10，新鲜牛乳的酸度为 16°T~18°T；②用乳酸的百分含量来表示，与总酸度的计算方法一样，用乳酸表示牛乳的酸度。

四、实验实训

（一）酚酞指示剂

1.原理

试样经过处理后，以酚酞作为指示剂，用 0.1000 mol/L 氢氧化钠标准溶液滴定至中性，消耗氢氧化钠溶液的体积数，经计算确定试样的酸度。

2.试剂和材料

除非另有说明，本方法所用试剂均为分析纯，水为 GB/T6682—2008 规定的三级水。

（1）试剂

氢氧化钠（NaOH），七水硫酸钴（$CoSO_4 \cdot 7H_2O$），酚酞，95%乙醇，乙醚，氮气：纯度为 98%，三氯甲烷（$CHCl_3$）。

（2）试剂配制

①氢氧化钠标准溶液（0.1000 mol/L）。称取 0.75 g 于 105 ℃～110 ℃电烘箱中干燥至恒重的工作基准试剂邻苯二甲酸氢钾，加 50 mL 无二氧化碳的水溶解，加 2 滴酚酞指示液（10 g/L），用配制好的氢氧化钠溶液滴定至溶液呈粉红色，并保持 30 s。同时做空白试验。注：把二氧化碳（CO_2）限制在洗涤瓶或者干燥管，避免滴管中 NaOH 因吸收 CO_2 而影响其浓度。可通过盛有 10 %氢氧化钠溶液洗涤瓶连接的装有氢氧化钠溶液的滴定管，或者通过连接装有新鲜氢氧化钠或氧化钙的滴定管末尾而形成一个封闭的体系，避免此溶液吸收 CO_2。

②参比溶液。将 3 g 七水硫酸钴溶解于水中，并定容至 100 mL。

③酚酞指示液。称取 0.5 g 酚酞溶于 75 mL 体积分数为 95%的乙醇中，并加入 20 mL 水，然后滴加氢氧化钠溶液至微粉色，再加入水定容至 100 mL。

④中性乙醇-乙醚混合液。取等体积的乙醇、乙醚混合后加 3 滴酚酞指示液，以氢氧化钠溶液（0.1 mol/L）滴至微红色。

⑤不含二氧化碳的蒸馏水。将水煮沸 15 min，逐出二氧化碳，冷却，密闭。

3.仪器和设备

分析天平：感量为 0.001 g。

碱式滴定管：容量 10 mL，最小刻度 0.05 mL。

碱式滴定管：容量 25 mL，最小刻度 0.1 mL。

水浴锅。

锥形瓶：100 mL、150 mL、250 mL。

具塞磨口锥形瓶：250 mL。

粉碎机：可使粉碎的样品 95%以上通过 CQ16 筛［相当于孔径 0.425 mm（40 目）］，粉碎样品时磨膛不应发热。

振荡器：往返式，振荡频率为 100 次/分钟。

中速定性滤纸。

移液管：10 mL、20 mL。

量筒：50 mL、250 mL。

玻璃漏斗。

漏斗架。

4.分析步骤

（1）乳粉

①试样制备：将样品全部移入约两倍于样品体积的洁净干燥容器中（带密封盖），立即盖紧容器，反复旋转振荡，使样品彻底混合。在此操作过程中，应尽量避免样品暴露在空气中。

②测定：称取 4 g 样品（精确到 0.01 g）于 250 mL 锥形瓶中。用量筒量取 96 mL 约 20 ℃的不含二氧化碳的蒸馏水，使样品复溶，搅拌，然后静置 20 min。向一只装有 96 mL 约 20 ℃的不含二氧化碳的蒸馏水的锥形瓶中加入 2.0 mL 参比溶液，轻轻转动，使之混合，到标准参比颜色。如果要测定多个相似的产品，则此参比溶液可用于整个测定过程，但时间不得超过 2 h。向另一只装有样品溶液的锥形瓶中加入 2.0 mL 酚酞指示液，轻轻转动，使之混合。用 25 mL 碱式滴定管向该锥形瓶中滴加氢氧化钠溶液，边滴加边转动烧瓶，直到颜色与参比溶液的颜色相似，且 5 s 内不消退，整个滴定过程应在 45 s 内完成。滴定过程中，向锥形瓶中吹氮气，防止溶液吸收空气中的二氧化碳。记录所用氢氧化钠溶液的毫升数（V_1），精确至 0.05 mL，代入公式计算。

③空白滴定：用 96 mL 不含二氧化碳的蒸馏水做空白实验，读取所消耗氢氧化钠标准溶液的毫升数（%）。空白所消耗的氢氧化钠的体积应不小于零，否则应重新制备和使用符合要求的蒸馏水。

④分析结果的表述。乳粉试样中的酸度数值以单位°T 表示，按以下公式计算：

$$X_1 = \frac{c_1 \times (V_1 - V_0) \times 12}{m_1 \times (1-\omega) \times 0.1} \tag{3-6}$$

式中：

X_1——试样的酸度，以 100 g 干物质为 12％的复原乳所消耗的 0.1 mol/L 氢氧化钠毫升数计；

c_1——氢氧化钠标准溶液的浓度；

V_1——滴定时所消耗氢氧化钠标准溶液的体积；

V_0——空白实验所消耗氢氧化钠标准溶液的体积；

12——12 g 乳粉相当于 100 mL 复原乳（脱脂乳粉应为 9，脱脂乳清粉应为 7）；

m_1——称取样品的质量；

ω——试样中水分的质量分数；

$1-\omega$——试样中乳粉的质量分数；

0.1——酸度理论定义氢氧化钠的摩尔浓度。

以重复性条件下获得的两次独立测定结果的算术平均值表示，结果保留三位有效数字。注：若以乳酸含量表示样品的酸度，那么样品的乳酸含量（g/100 g）=T×0.009°T 为样品的滴定酸度（0.009 为乳酸的换算系数，即 1 mL 0.1 mol/L 的氢氧化钠标准溶液相当于 0.009 g 乳酸）。

（2）乳及其他乳制品

①制备参比溶液

向装有等体积相应溶液的锥形瓶中加入 2.0 mL 参比溶液，轻轻转动，使之混合，得到标准参比颜色。如果要测定多个相似的产品，则此参比溶液可用于整个测定过程，但时间不得超过 2 h。

②巴氏杀菌乳、灭菌乳、生乳、发酵乳

称取 10 g（精确到 0.001 g）已混匀的试样，置于 150 mL 锥形瓶中，加 20 mL 新煮沸冷却至室温的水，混匀，加入 2.0 mL 酚酞指示液，混匀后用氢氧化钠标准溶液滴定，边滴加边转动烧瓶，直到颜色与参比溶液的颜色相似，且 5 s 内不消退，整个滴定过程应在 45 s 内完成。滴定过程中，向锥形瓶中吹氮气，防止溶液吸收空气中的二氧化碳。

记录消耗的氢氧化钠标准滴定溶液毫升数，代入公式中进行计算。

空白滴定，用等体积的不含二氧化碳的蒸馏水做空白实验，读取耗用氢氧化钠标准溶液的毫升数（%），空白所消耗的氢氧化钠的体积应不小于零，否则应重新制备和使用符合要求的蒸馏水。

③奶油

称取 10 g（精确到 0.001 g）已混匀的试样，置于 250 mL 锥形瓶中，加 30 mL中性乙醇-乙醚混合液，混匀，加入 2.0 mL 酚酞指示液，混匀后用氢氧化钠标准溶液滴定，边滴加边转动烧瓶，直到颜色与参比溶液的颜色相似，且 5 s 内不消退，整个滴定过程应在 45 s 内完成。滴定过程中，向锥形瓶中吹氮气，防止溶液吸收空气中的二氧化碳。记录消耗的氢氧化钠标准滴定溶液毫升数，代入公式中进行计算。

空白滴定，用 30 mL 中性乙醇-乙醚混合液做空白实验，读取耗用氢氧化钠标准溶液的毫升数。空白所消耗的氢氧化钠的体积应不小于零，否则应重新制备和使用符合要求的中性乙醇-乙醚混合液。

④炼乳

炼乳称取 10 g（精确到 0.001 g）已混匀的试样，置于 250 mL 锥形瓶中，加 60 mL新煮沸冷却至室温的水溶解，混匀，加入 2.0 mL 酚酞指示液，混匀后用氢氧化钠标准溶液滴定，边滴加边转动烧瓶，直到颜色与参比溶液的颜色相似，且 5 s 内不消退，整个滴定过程应在 45 s 内完成。滴定过程中，向锥形瓶中吹氮气，防止溶液吸收空气中的二氧化碳。记录消耗的氢氧化钠标准滴定溶液毫升数，代入公式中进行计算。

空白滴定，用等体积的不含二氧化碳的蒸馏水做空白实验，读取耗用氢氧化钠标准溶液的毫升数，空白所消耗的氢氧化钠的体积应不小于零，否则应重新制备和使用符合要求的蒸馏水。

⑤分析结果的表述

巴氏杀菌乳、灭菌乳、生乳、发酵乳、奶油和炼乳试样中的酸度数值单位以°T 表示，按以下公式计算：

$$X_2 = \frac{c_2 \times (V_2 - V_0) \times 100}{m_2 \times 0.1} \tag{3-7}$$

式中：

X_2——试样的酸度，以 100 g 样品所消耗的 0.1 mol/L 氢氧化钠毫升数计；

c_2——氢氧化钠标准溶液的浓度；

V_2——滴定时所消耗氢氧化钠标准溶液的体积；

V_0——空白实验所消耗氢氧化钠标准溶液的体积；

100——100 g 试样；

m_2——试样的质量；

0.1——酸度理论定义氢氧化钠的摩尔浓度。

以重复性条件下获得的两次独立测定结果的算术平均值表示，结果保留三位有效数字。

（3）干酪素

称取 5 g（精确到 0.001 g）经研磨混匀的试样于锥形瓶中，加入 50 mL 不含二氧化碳的蒸馏水，于室温下（18 ℃～20 ℃）放置 4～5 h 或在水浴锅中加热到 45℃并在此温度下保持 30 min，再加 50 mL 不含二氧化碳的蒸馏水，混匀后，通过干燥的滤纸过滤。吸取滤液 50 mL 于锥形瓶中，加入 2.0 mL 酚酞指示液，混匀后用氢氧化钠标准溶液滴定，边滴加边转动烧瓶，直到颜色与参比溶液的颜色相似，且 5 s 内不消退，整个滴定过程应在 45 s 内完成。滴定过程中，向锥形瓶中吹氮气，防止溶液吸收空气中的二氧化碳。记录消耗的氢氧化钠标准滴定溶液毫升数（V_0），代入公式进行计算。

空白滴定，用等体积的不含二氧化碳的蒸馏水做空白实验，读取耗用氢氧化钠标准溶液的毫升数，空白所消耗的氢氧化钠的体积应不小于零，否则应重新制备和使用符合要求的蒸馏水。

干酪素试样中的酸度数值单位以°T 表示，按以下公式计算：

$$X_3 = \frac{c_3 \times (V_3 - V_0) \times 100 \times 2}{m_3 \times 0.1} \tag{3-8}$$

式中：

X_3——试样的酸度，以 100 g 样品所消耗的 0.1 mol/L 氢氧化钠毫升数计；

c_3——氢氧化钠标准溶液的浓度；

V_3——滴定时所消耗氢氧化钠标准溶液的体积；

V_0——空白实验所消耗氢氧化钠标准溶液的体积；

100——100 g 试样；

2——试样的稀释倍数；

m_3——试样的质量；

0.1——酸度理论定义氢氧化钠的浓度。

以重复性条件下获得的两次独立测定结果的算术平均值表示，结果保留三位有效数字。

（4）淀粉及其衍生物

①样品预处理。样品应充分混匀。

②称样。称取样品 10 g（精确至 0.1 g），移入 250 mL 锥形瓶内，加入 100 mL 水，振荡并混合均匀。

③滴定。向一只装有 100 mL 约 20 ℃的水的锥形瓶中加入 2.0 mL 参比溶液，轻轻转动，使之混合，得到标准参比颜色。如果要测定多个相似的产品，则此参比溶液可用于整个测定过程，但时间不得超过 2 h。向装有样品的锥形瓶中加入 2～3 滴酚酞指示剂，混匀后用氢氧化钠标准溶液滴定，边滴加边转动锥形瓶，直到颜色与参比溶液的颜色相似，且 5 s 内不消退，整个滴定过程应在 45 s 内完成。滴定过程中，向锥形瓶中吹氮气，防止溶液吸收空气中的二氧化碳。读取耗用氢氧化钠标准溶液的毫升数（V_4），代入公式中进行计算。

④空白滴定。用 100 mL 不含二氧化碳的蒸馏水做空白实验，读取耗用氢氧化钠标准溶液的毫升数。空白所消耗的氢氧化钠的体积应不小于零，否则应重新制备和使用符合要求的蒸馏水。

⑤分析结果的表述。淀粉及其衍生物试样中的酸度数值单位以°T 表示，按以下公式

计算：

$$X_4 = \frac{c_4 \times (V_4 - V_0) \times 10}{m_4 \times 0.100\,0}\qquad(3\text{-}9)$$

式中：

X_4——试样的酸度，以 10 g 试样所消耗的 0.1 mol/L 氢氧化钠毫升数计；

c_4——氢氧化钠标准溶液的浓度；

V_4——滴定时所消耗氢氧化钠标准溶液的体积；

V_0——空白实验所消耗氢氧化钠标准溶液的体积；

10——10 g 试样；

m_4——试样的质量；

0.100 0——酸度理论定义氢氧化钠的浓度。

以重复性条件下获得的两次独立测定结果的算术平均值表示，结果保留三位有效数字。

（5）粮食及制品

①试样制备。取混合均匀的样品 80～100 g，用粉碎机粉碎，粉碎细度要求 95% 以上通过 CQ16 筛［孔径 0.425 mm（40 目）］，粉碎后的全部筛分样品充分混合，装入磨口瓶中，制备好的样品应立即测定。

②测定。称取试样 15 g，置入 250 mL 具塞磨口锥形瓶，加不含二氧化碳的蒸馏水 150 mL（V_{51}）（先加少量水与试样混成稀糊状，再全部加入），滴入三氯甲烷 5 滴，加塞后摇匀，在室温下放置 2 h，每隔 15 min 摇动 1 次（或置于振荡器上振荡 70 min），完毕后静置数分钟，用中速定性滤纸过滤，用移液管吸取滤液 10 mL（V_{52}），注入 100 mL 锥形瓶中，再加不含二氧化碳的蒸馏水 20 mL 和酚酞指示剂 3 滴，混匀后用氢氧化钠标准溶液滴定，边滴加边转动烧瓶，直到颜色与参比溶液的颜色相似，且 5 s 内不消退，整个滴定过程应在 45 s 内完成。滴定过程中，向锥形瓶中吹氮气，防止溶液吸收空气中的二氧化碳。记下所消耗的氢氧化钠标准溶液毫升数，代入公式（3-10）进行计算。

③空白滴定。用 30 mL 不含二氧化碳的蒸馏水做空白试验，记下所消耗的氢氧化钠标准溶液毫升数。注：三氯甲烷有毒，操作时应在通风良好的通风橱内进行。

④分析结果的表述。粮食及制品试样中的酸度数值单位以 °T 表示，按以下公式计算：

$$X_5 = \left(V_5 - V_0\right) \times \frac{V_{51}}{V_{52}} \times \frac{c_5}{0.100\,0} \times \frac{10}{m_5} \qquad (3\text{-}10)$$

式中：

X_5——试样的酸度，以 10 g 样品所消耗的 0.1 mol/L 氢氧化钠毫升数计；

V_5——试样滤液消耗的氢氧化钾标准溶液体积；

V_0——空白试验消耗的氢氧化钾标准溶液体积；

V_{51}——浸提试样的水体积；

V_{52}——用于滴定的试样滤液体积；

c_5——氢氧化钾标准溶液的浓度；

0.100 0——酸度理论定义氢氧化钠的摩尔浓度；

10——10 g 试样；

m_5——试样的质量。以重复性条件下获得的两次独立测定结果的算术平均值表示，结果保留三位有效数字。

⑤精密度。在重复性条件下获得的两次独立测定结果的绝对差值不得超过算术平均值的 10 %。

（二）pH 计法

（1）原理：中和试样溶液至 pH 为 8.30 所消耗的 0.100 0 mol/L 氢氧化钠体积，经计算确定其酸度。

（2）试剂和材料：除非另有说明，本方法所用试剂均为分析纯，水为 GB/T6682—

2008 规定的三级水。

氢氧化钠标准溶液：同酚酞指示剂法。

氮气：纯度为 98 %。

（3）仪器和设备：

分析天平：感量为 0.001 g。

碱式滴定管：分刻度 0.1 mL，可准确至 0.05 mL。或者自动滴定管满足同样的使用要求。

注：可以进行手工滴定，也可以使用自动电位滴定仪。

pH 计：带玻璃电极和适当的参比电极。

磁力搅拌器。

高速搅拌器：如均质器。

恒温水浴锅。

（4）分析步骤：

①试样制备。将样品全部移入约两倍于样品体积的洁净干燥容器中（带密封盖），立即盖紧容器，反复旋转振荡，使样品彻底混合。在此操作过程中，应尽量避免样品暴露在空气中。

②测定。称取 4 g 样品（精确到 0.01 g）于 250 mL 锥形瓶中。用量筒量取 96 mL 约 20 ℃ 的水，使样品复溶，搅拌，然后静置 20 min。用滴定管向锥形瓶中滴加氢氧化钠标准溶液，直到 pH 稳定在 8.30±0.01 处 4～5 s。滴定过程中，始终用磁力搅拌器进行搅拌，同时向锥形瓶中吹氮气，防止溶液吸收空气中的二氧化碳。整个滴定过程应在 1 min 内完成。记录所用氢氧化钠溶液的毫升数，精确至 0.05 mL，代入公式计算。

③空白滴定。用 100 mL 蒸馏水做空白实验，读取所消耗氢氧化钠标准溶液的毫升数。注：空白所消耗的氢氧化钠的体积应不小于零，否则应重新制备和使用符合要求的蒸馏水。

④分析结果的表述。乳粉试样中的酸度数值单位以 °T 表示，按以下公式计算：

$$X_6 = \frac{c_6 \times (V_6 - V_0) \times 12}{m_6 \times (1 - \omega) \times 0.1} \tag{3-11}$$

式中：

X_6——试样的酸度；

c_6——氢氧化钠标准溶液的浓度；

V_6——滴定时所消耗氢氧化钠标准溶液的体积；

V_0——空白实验所消耗氢氧化钠标准溶液的体积；

12——12 g 乳粉相当于 100 mL 复原乳（脱脂乳粉应为 9，脱脂乳清粉应为 7）；

m_6——称取样品的质量；

ω——试样中水分的质量分数；

$1-\omega$——试样中乳粉的质量分数；

0.1——酸度理论定义氢氧化钠的摩尔浓度。

以重复性条件下获得的两次独立测定结果的算术平均值表示，结果保留三位有效数字。

注：若以乳酸含量表示样品的酸度，那么样品的乳酸含量（g/100 g）=71×0.09°T 为样品的滴定酸度（0.009 为乳酸的换算系数，即 1 mL 0.1 mol/L 的氢氧化钠标准溶液相当于 0.009 g 乳酸）。

⑤精密度。在重复性条件下获得的两次独立测定结果的绝对差值不得超过算术平均值的 10%。

第四节 食品中维生素的检验

一、维生素概述

（一）维生素的分类

维生素的种类很多，按其溶解性质可分为脂溶性维生素和水溶性维生素两大类。脂溶性维生素是指不溶于水而溶于脂肪及有机溶剂中的维生素，包括维生素 A(胡萝卜素)、维生素 D、维生素 E 和维生素 K 等。维生素 A、维生素 D 在鱼油中含量较多，维生素 E 在植物油中含量较多。水溶性维生素是指可溶于水的维生素，包括 B 族维生素和维生素 C，B 族维生素在粮谷类的外皮和动物内脏中含量较高，维生素 C 主要来源于新鲜的水果和蔬菜。

（二）检测食品中的维生素的意义

维生素是维持机体生命活动过程所必需的一类低分子有机化合物。维生素的种类很多，与人体健康有关的就有 20 余种。维生素参与机体重要的生理过程，是生命活动不可缺少的物质，它在能量产生的反应中以及调节机体物质代谢过程中起着十分重要的作用：①抗氧化，如维生素 E、抗坏血酸及一些类胡萝卜素具有抗氧化作用；②机体内各种辅酶或辅酶前体的组成部分，如维生素 B_6、烟酸、生物素、泛酸、叶酸等；③遗传调节因子，如维生素 A、维生素 D 等；④具有某些特殊功能，如与视觉有关的维生素 A、与凝血有关的维生素 K 等。由于大多数维生素在体内不能合成或合成量不能完全满足机体的需要，也不能大量存于机体组织中，因此，虽然机体对其需求量很少，但必须由食物供给。当膳食中的某些维生素长期缺乏或摄入量不足时会引起代谢紊乱，影响正常生理功能，在初期尚无临床表现时称为维生素不足症，进而产生维生素缺乏病。

食品中各种维生素的含量主要取决于食品的品种，通常某种维生素相对集中于某些品种的食品中。由于许多维生素不稳定，在食品加工与贮藏过程中，维生素的含量会大大降低，因此，测定食品中维生素的含量具有现实的营养学意义。

二、水溶性维生素的检验

（一）水溶性维生素概述

水溶性维生素广泛存在于动植物组织中，所以饮食来源比较充足。但人体内多余量的水溶性维生素会从尿中排出。因此，为了满足人体生理需要，必须经常从食物中摄取水溶性维生素。

水溶性维生素都易溶于水，不溶于苯、乙醚、三氯甲烷等大多数有机溶剂，在酸性介质中很稳定，加热也不破坏；但在碱性介质中不稳定，易分解，特别在加热情况下，可大部分或全部被破坏，同时易受空气、光、热、酶、金属离子等的影响。

根据水溶性维生素在食品中存在的形式（游离态或结合态），需分别采用不同的样品处理方法。水溶性维生素的分析方法通常有分光光度法、分子荧光法、高效液相色谱法和微生物法等。分光光度法和分子荧光法的样品前处理一般较复杂，且干扰物质多，测定误差较大，而高效液相色谱法测定水溶性维生素，样品前处理简单，样品用量少，分离速度快，可同时分析多种水溶性维生素。

（二）维生素 C 的测定

维生素 C（抗坏血酸）是一种较强的还原剂，水溶液呈酸性。在酸性条件下，维生素 C 较稳定，在中性和碱性条件下不稳定，加热容易被破坏。维生素 C 对氧敏感，氧化后的产物称脱氢抗坏血酸，仍然具有生理活性，当进一步水解为 2，3-二酮古-L-洛糖酸后，便失去生理功能。在食品中维生素 C 以这三种形式存在，但主要是前两者，故许多国家的食品成分表均以抗坏血酸和脱氢抗坏血酸的总量表示维生素 C 的含量。

测定维生素 C 常用的方法有 2，6-二氯靛酚滴定法、2，4-二硝基苯肼分光光度法、荧光法和高效液相色谱法等。采用 2，6-二氯靛酚滴定法可以测定还原型抗坏血酸的含量，用荧光法和 2，4-二硝基苯肼分光光度法则是测定总抗坏血酸的含量。

1. 还原型抗坏血酸的测定

（1）原理。还原型抗坏血酸分子中有烯二醇结构，因而具有较强的还原性，在中性或弱酸性条件下能还原 2，6-二氯靛酚染料，而本身被氧化成脱氢抗坏血酸。2，6-

二氯靛酚染料在中性或碱性溶液中呈蓝色，在酸性溶液中呈红色，被还原后颜色消失。滴定时，还原型抗坏血酸将2，6-二氯靛酚还原为无色，终点时，稍过量的2，6-二氯靛酚使溶液呈现微红色。

（2）测定方法。水果和蔬菜样品经捣碎混匀后，用偏磷酸乙酸提取，过滤或离心后，上清液供测定用。滴定前，配制的2，6-二氯靛酚溶液要用已知浓度的抗坏血酸标准溶液标定；滴定时，用已标定的2，6-二氯靛酚溶液滴定样品的上清液至微红色，并在15 s内不消失，即为终点。同时做空白平行测定。根据滴定时所使用的已标定的2，6-二氯靛酚溶液的容积，可计算样品中还原型抗坏血酸的含量。

2.总抗坏血酸的测定

（1）荧光法

样品中还原型抗坏血酸经活性炭氧化为脱氢抗坏血酸后，与邻苯二胺反应生成有荧光的苯并吡嗪衍生物，其荧光强度与抗坏血酸的浓度在一定条件下成正比，以此测定食品中抗坏血酸和脱氢抗坏血酸的总量。硼酸与脱氢抗坏血酸结合生成硼酸脱氢抗坏血酸配合物，而不与邻苯二胺反应生成荧光物质，因此可以消除试样中荧光杂质产生的干扰。本方法检出限为0.022 μg/mL，线性范围为5～20 μg/mL。

称取一定量的新鲜样品，加偏磷酸-乙酸溶液，匀浆，用百里酚蓝指示剂调节酸度（pH为1.2），过滤，滤液备用。分别取滤液及标准使用液，加适量活性炭，振摇过滤，分别收集滤液，即为试样氧化液和标准氧化液。各取一份试样氧化液和标准氧化液作为空白对照，分别加入硼酸-乙酸钠溶液，混合摇动，在4℃冰箱中放置2～3 h。再分别取试样氧化液和标准氧化液各一份，加入乙酸钠溶液，备用。

取上述溶液于暗室中迅速加入邻苯二胺溶液，混合后在室温下反应35 min，于激发光波长338 nm、发射光波长420 nm处测定荧光强度。抗坏血酸含量为横坐标，对应的标准液的荧光强度减去标准空白荧光强度为纵坐标，绘制标准曲线并计算样品中抗坏血酸含量。

方法说明：①邻苯二胺溶液在空气中颜色变暗，影响显色，应临用前配制。②活性炭对抗坏血酸的氧化作用，是基于其表面吸附的氧进行界面反应，加入量过少，氧化不充分，定量结果偏低；加入量过多，对抗坏血酸有吸附作用，使结果也偏低。③影响荧光强度的因素很多，各次测定条件很难完全再现，因此，标准曲线最好与样品同时做。

④样品提取液中抗坏血酸浓度为 1 mg/mL 左右，应根据此浓度酌情取样。⑤当食物中含有丙酮酸时，可与邻苯二胺反应生成一种荧光物质，干扰测定，可加入硼酸，而硼酸与脱氢抗坏血酸结合不与丙酮酸反应，以此消除样品中丙酮酸产生的荧光干扰。

（2）2，4-二硝基苯肼分光光度法

样品中维生素 C 用草酸提取，加入活性炭使提取液中还原型抗坏血酸氧化成为脱氢抗坏血酸，再与 2，4-二硝基苯肼磷酸作用生成红色的脎；在 85% 硫酸溶液的脱水作用下，可转变为橘红色的无水化合物，在硫酸溶液中显色稳定，其吸光度值与总抗坏血酸的总量成正比，在最大吸收波长 520 nm 处比色定量。本法操作简便，不需要特殊仪器，适用于各种食品。

（三）维生素 B$_1$（硫胺素）的测定

维生素 B$_1$ 又称硫胺素、抗神经炎素。人体每日需要量为 1～2 mg。它参与糖代谢及乙酰胆碱的代谢，维持胆碱能神经的正常传导，促进消化功能。维生素 B$_1$ 缺乏可引起神经系统病变，表现为神经衰弱，如全身无力、焦虑不安、记忆力减退、食欲缺乏等，严重的可出现中枢神经系统内某些神经核退化，周围神经运动纤维变性，影响神经系统正常功能，引起多发性周围神经炎。维生素 B$_1$ 缺乏还可引起心血管系统病变。

硫胺素是由嘧啶环和噻唑环通过亚甲基相连而成的一类化合物，各种结构的硫胺素均具有维生素 B$_1$ 的活性。维生素 B$_1$ 易溶于水和正丁醇、异丁醇、异戊醇等有机溶剂，所以样品处理时可用正丁醇萃取。

食品中维生素 B$_1$ 的测定方法主要有硫色素荧光法、高效液相色谱法、荧光分光光度法等。荧光分光光度法的灵敏度和准确度较差，适用于测定维生素 B$_1$ 含量较高的食品样品；硫色素荧光法与高效液相色谱法适用于食品中微量维生素 B$_1$ 的测定。国家标准分析方法为荧光分光光度法。

1. 原理

硫胺素在碱性铁氰化钾溶液中被氧化成硫色素，硫色素在紫外线照射下，发出荧光。在一定的条件下，其荧光强度与硫色素浓度成正比，即与溶液中硫胺素含量成正比。如样品中所含杂质过多，应经过离子交换剂处理，使之与硫胺素分离，测定样液中硫色素的荧光强度，与标准比较定量。本方法检出限为 0.05 μg，线性范围为 0.2～10.0 μg。

2.样品处理

样品采集后，粉碎或匀浆于低温冰箱中保存，测定前解冻。

①提取。准确称取一定量的样品（含硫胺素 10～30 μg），加稀盐酸溶解，在高压锅（121 ℃）中加热水解，加淀粉酶和蛋白酶于 45 ℃～50 ℃酶解过夜，过滤得到提取液。

②净化。将提取液加入人造浮石交换柱中，硫胺素被吸附，用热蒸馏水冲洗交换柱，洗去杂质，再加入热的酸性氯化钾洗脱硫胺素，收集滤液。

③氧化。分别取两份上述净化液，在避光条件下分别加入氢氧化钠溶液和碱性铁氧化钾溶液，振摇后加入正丁醇，振摇，静置分层，弃下层碱性溶液。有机相加无水硫酸钠脱水。取两份标准溶液与样品同样操作，同时作为样品和试剂空白。

3.测定方法

荧光测定条件：激发波长 365 nm；发射波长 435 nm。依次测定样品空白和标准空白的荧光强度，样品和标准溶液的荧光强度，根据硫色素的荧光强度，计算样品中硫胺素的含量。

4.方法说明

①一般样品中的维生素 B_1 有游离型的，也有结合型的，所以需要进行酸水解和酶水解反应，使结合型的维生素 B_1 成为游离型的，然后测定。

②紫外线会破坏硫色素，因此硫色素形成后要迅速测定，尽量避光操作。

③取两份净化液，一份加入氢氧化钠溶液破坏硫胺素，另一份加入碱性铁氰化钾溶液，将硫胺素氧化成硫色素，生成的黄色至少应保持 15 s，否则应补加 1～2 滴。若碱性铁氰化钾溶液用量不够，硫胺素氧化不完全，则测定结果偏低，但碱性铁氰化钾溶液过量又会破坏硫色素。氧化是测定的关键步骤，操作中应保持加入试剂的速度一致。

（四）维生素 B_2 的测定

维生素 B_2 即核黄素，呈黄色，由核糖醇和二甲基异咯嗪两部分组成。维生素 B_2 易溶于水，在中性或酸性溶液中稳定，但在碱性溶液中较易分解。游离核黄素对光敏感，易被光线破坏。核黄素在中性或酸性溶液中经光照射可产生黄绿色荧光，因此测定核黄素常用荧光法。维生素 B_2 的定量方法主要有：荧光分析法、分光光度法和高效液相色谱法；生物学定量法有微生物法、酶法和动物实验法。

1. 原理

核黄素在 $440\sim500$ nm 波长光照射下产生黄绿色荧光，在稀溶液中其荧光的强度与核黄素的浓度成正比，在 525 nm 发射波长处测定其荧光强度；同时在样品液中加入连二亚硫酸钠，将核黄素还原成无荧光的物质，再测定溶液中荧光杂质的荧光强度，两者之差即为食品中核黄素所产生的荧光强度。本方法检出限为 0.006 μg，线性范围为 $0.1\sim20.0$ μg。

2. 样品处理

①提取。准确称取一定量的样品（含 $1.0\sim2.0$ μg核黄素），加入稀盐酸水解，再加淀粉酶或木瓜蛋白酶 $37\%\sim40\%$ 酶解约 16 h，过滤后得提取液。

②氧化去杂质。取一定量提取液及标准使用液（含 $1\sim10$ μg核黄素），加入高锰酸钾溶液，氧化去除杂质；加过氧化氢数滴，使高锰酸钾颜色褪去；剧烈振摇，使氧气逸出。

③吸附和洗脱。将氧化后的样液及标准溶液通过硅镁吸附柱后，用热水洗去杂质，用丙酮+冰乙酸+水（5:2:9）洗脱样品中的核黄素。

3. 测定方法

于激发光波长 440 nm、发射光波长 525 nm 处，测定样品管及标准管的荧光强度，并在各管的剩余液中加入连二亚硫酸钠溶液，立即混匀，在 20 s 内测定样品还原前后的荧光强度，两值相差即为样品中核黄素的荧光强度。

4. 方法说明

①核黄素暴露于可见光或紫外光中极不稳定，因此整个过程最好在避光条件下进行。

②核黄素可被连二亚硫酸钠还原为无荧光物质，但摇动后很快又被氧化成荧光物质，所以要立即测定。

③样品酸解后，加入一定量的淀粉酶或木瓜蛋白酶酶解，有利于结合型的核黄素转化。

（五）其他 B 族维生素的测定

1. 维生素 B_6 的测定

维生素 B_6 指的是在性质上紧密相关,具有潜在维生素 B_6 活性的三种天然存在的化合物:吡哆醇、吡哆醛和吡哆胺。测定维生素 B_6 的方法主要有微生物法、荧光分析法、气相色谱法和高效液相色谱法。

荧光分析法的原理是将样品经硫酸加压水解,采用 CGS 树脂的柱层析分离,以氯化钾的磷酸缓冲液洗脱。洗脱液在二氧化锰和乙醛酸钠溶液存在下,可使维生素 B_6 的混合物即吡哆醇、吡哆醛、吡哆胺都转化为吡哆醛。吡哆醛在氰化钾作用下生成强荧光物质——吡哆醛氰醇衍生物,在激发波长 355 nm、发射波长 434 nm 处,测定其荧光强度,就可计算出样品中维生素 B_6 的总量。

2. 维生素 B_{12} 的测定

维生素 B_{12} 是具有氰钴胺素相似维生素活性的化合物的总称。维生素 B_{12} 呈深红色,易溶于水和醇,受强碱、强酸和光照作用而分解。

测定维生素 B_{12} 的方法主要有分光光度法、离子交换层析法和原子吸收分光光度法。维生素 B_{12} 的分子中含有钴离子,占维生素 B_{12} 的 4.35％,采用原子吸收分光光度法可以测定其钴含量,再换算成维生素 B_{12} 的含量。

原子吸收分光光度法原理:样品用维生素 B_{12} 提取液(无水磷酸氢二钠 1.3g+柠檬酸 1.2g+无水焦亚硫酸钠 1.0 g 加水至 100 mL)提取,滤液中加入 EDTA(乙二胺四乙酸),用氨水调 pH 至 7,再加入活性炭,振摇,用定量滤纸过滤,维生素 B_{12} 被吸附在活性炭上,在 600 ℃下灰化,用稀硝酸将残渣溶解,以原子吸收分光光度法测定钴的含量。从钴换算为维生素 B_{12} 的换算系数为 22.99。

3. 高效液相色谱法测定 B 族维生素

B 族维生素的检测方法很多,如维生素 B_1 可以采用荧光法,烟酸、烟酰胺采用分光光度法,维生素 B_6 采用微生物法等。上述 B 族维生素的测定方法费时,多数是针对某个单一维生素进行的。高效液相色谱法分析速度快、灵敏度高、准确性好,样品量需用量少,可以同时测定多种 B 族维生素。下面简要介绍同时测定保健食品中的维生素 B_2、烟酸和烟酰胺的高效液相色谱法。

（1）实验原理

样品经甲醇、水和磷酸的混合液（100:400:0.5）提取，滤膜过滤后，以1-癸烷磺酸钠-乙腈-磷酸为流动相，用C_{18}柱分离，紫外280 nm检测，以保留时间定性，峰高或峰面积定量。

（2）样品处理

称取适量研磨混匀的样品，加入甲醇、水和磷酸的混合液（100:400:0.5）超声提取5 min，3000 r/min离心5 min，上层清液经滤膜过滤后即可进样。

（3）色谱条件

C_{18}柱（150 mm×4.6 mm，5 μm），流速为1 mL/min，柱温室温，检测波长为280 nm。流动相为1-癸烷磺酸钠溶液（0.22 g 1-癸烷磺酸钠溶解于850 mL水中）+乙腈+磷酸（850:150:1）。

（4）方法说明

①可通过调节流动相的pH值来控制维生素的电离，从而调节其保留时间和分离度。流动相中加入0.1%磷酸，可降低维生素的离子化，改善峰形，减缓峰的拖尾现象。

②在检测多种B族维生素时，可以在测定过程中变换检测波长，以提高检测灵敏度，如维生素B_1、烟酸、烟酰胺最大吸收波长为254 nm，维生素B_2、维生素B_6、叶酸为280 nm。

③由于B族维生素在水中可以解离为带电荷的离子，在流动相中加入一种与上述电荷相反的离子对试剂，使其形成中性离子对，即可于反相色谱中进行分离。B族维生素测定中主要选择烷基磺酸盐，可得到令人满意的分离效果。

三、脂溶性维生素的检验

（一）脂溶性维生素概述

脂溶性维生素具有以下理化性质：

1. 溶解性

脂溶性维生素不溶于水，易溶于脂肪、苯、三氯甲烷、乙醚、乙醇、丙酮等有机溶剂。

2.耐酸碱性

维生素 A、D 对酸不稳定，对碱稳定；维生素 E 对酸稳定，对碱不稳定，但在抗氧化剂存在下也能经受碱的煮沸。脂溶性维生素在脂肪酸败时可引起严重破坏。

3.耐热性、耐氧化性

维生素 A、D、E 耐热性好，能经受煮沸；维生素 A 易被空气、氧化剂所氧化，也能被紫外线分解；维生素 D 化学性质比较稳定，不易被氧化，但过量辐射可形成有毒化合物；维生素 E 在空气中能被慢慢氧化，光、热、碱能促进其氧化作用。

测定脂溶性维生素的方法较多，其中常见的方法有：薄层色谱法、分光光度法、气相色谱法、高效液相色谱法、GC-MS（气相色谱-质谱法）等，在众多的方法中高效液相色谱法因具有快速、高效、高灵敏度等优点，是我国卫生标准分析方法之一。

（二）维生素 A 和维生素 E 的同时测定

维生素 A 是由 β-紫罗酮环与不饱和一元醇组成的一类化合物及其衍生物的总称，包括维生素 A_1（视黄醇）和 A_2（3-脱氢视黄醇）及其各类异构体和衍生物，都具有维生素 A 的作用，总称为类视黄素。维生素 A 的量可用国际单位（IU）表示，每一个国际单位等于 0.3 μg 维生素 A（醇），0.344 μg 乙酸维生素 A（酯）。

维生素 A 的测定方法有三氯化锑比色法、紫外分光光度法、荧光法和高效液相色谱法等。国家标准中食品卫生检验方法的第一法是高效液相色谱法，可同时测定维生素 A 和维生素 E，第二法是三氯化锑分光光度法测定维生素 A。

维生素 E 是所有具有 α-生育酚生物活性的苯并二氢呋喃衍生物的统称，属于酚类化合物。目前自然界中确认存在的维生素 E 有 8 种异构：α、β、γ、δ-生育酚和 α、β、γ、δ-三烯生育酚，其差别仅在于甲基的数目和位置不同。在较为重要的 α、β、γ、δ-生育酚中，以 α-生育酚的生理活性最强，一般所说的维生素 E 即指 α-生育酚。

维生素 E 的测定方法有分光光度法、荧光法、薄层色谱法、气相色谱法和高效液相色谱法等。高效液相色谱法具有简便、快速、分辨率高等优点，可在短时间内完成同系物的分离测定，并可以同时测定维生素 A 和维生素 E。

1. 原理

样品经皂化处理后，用有机溶剂提取其中的维生素 A 和维生素 E，用高效液相色谱法 C₁₈ 反相色谱柱将维生素 A 和维生素 E 分离，经紫外检测器检测，以保留时间定性，内标法定量。本方法最小检出量分别为：维生素 A 0.8 ng；α-生育酚 91.8 ng；γ-生育酚 36.6 ng；δ-生育酚 20.6 ng。

2. 样品处理

①皂化。准确称取一定量的样品（含维生素 A 约 3 μg，维生素 E 各异构体约 40 μg）于皂化瓶中，加入氢氧化钾-乙醇溶液，沸水浴中回流 30 min，使皂化完全。维生素 A 和维生素 E 容易被氧化，皂化处理过程中需加抗氧化剂（如抗坏血酸）保护。同时加入一定量的内标物苯并（α）芘。

②提取。将皂化后的样品移入分液漏斗中，加入乙醚分次提取，弃水层。

③洗涤。用水洗涤乙醚层，用 pH 试纸检验直至水层不呈碱性。

④浓缩。将乙醚提取液经过无水硫酸钠脱水后，于 55 ℃水浴中减压蒸馏，浓缩至约 2 mL 乙醚时，立即用氮气吹干乙醚并加入 2.00 mL 乙醇，溶解提取物。离心，上清液供色谱分析用。

3. 测定方法

色谱参考条件为预柱：ODS，4.5 cm×4 mm，10 μg；分析柱：ODS 柱，25 cm×4.6 mm，5 μg；流动相：甲醇:水=98:2；检测波长为 300 nm；进样量为 20 μL；流速为 1.7 mL/min。用标准溶液色谱峰的保留时间定性，根据标准和样品中待测维生素峰面积与内标物峰面积的比值，计算其含量。

4. 方法说明

维生素 A 和 E 的标准溶液临用前须用紫外分光光度法标定其准确浓度。本方法不能将 β-生育酚与 γ-生育酚分开。

（三）β-胡萝卜素的测定

胡萝卜素是一种广泛存在于有色蔬菜和水果中的天然色素，有多种异构体和衍生物，包括 α、β、γ 胡萝卜素，玉米黄素，还包括叶黄素、番茄红素，总称为类胡萝卜素。其中 α、β、γ 胡萝卜素，玉米黄素在分子结构中含有 β-紫罗宁残基，在肝脏、小肠黏膜或其他组织中可转变为维生素 A，故称为维生素 A 原。在类胡萝卜素中，以 β-胡萝卜素效价最高，每 1 mg β-萝卜素约相当于 167 μg（或 560 IU）维生素 A。在胡萝卜素酶的作用下，1 mol β-胡萝卜素可以转化成 2 mol 维生素 A，但由于 β-胡萝卜素的吸收率低，就生理活性而言，6 μg β-胡萝卜素才相当于 1 μg 维生素 A，故测得 β-胡萝卜素含量除以 6 才等于维生素 A 含量。

胡萝卜素天然存在于植物性食品中，为着色而添加胡萝卜素的食品也含有胡萝卜素。胡萝卜素对热、酸和碱比较稳定，但紫外线和空气中的氧可促进其被氧化破坏。因其也属于脂溶性维生素，故可用有机溶剂从食物中提取。

胡萝卜素本身是一种色素，在 450 nm 处有最大吸收，因此只要能与样品中的其他成分完全分离，便可定性和定量分析。在植物中 β-胡萝卜素经常与叶绿素、叶黄素等共存，提取时这些色素也可能被有机溶剂同时提取，因此在测定前，必须将 β-胡萝卜素与色素分离。常用的测定方法有柱色谱法、薄层色谱法、高效液相色谱法及纸色谱法等，国家标准方法规定食品中胡萝卜素的测定方法为后两种。

1.高效液相色谱法

（1）原理

样品中的 β-胡萝卜素，用丙酮和石油醚（20:80）混合液提取，经三氧化二铝柱纯化，采用高效液相色谱法，以 C_{18} 柱分离，紫外检测器检测，以保留时间定性，峰面积定量。

本方法最低检出限为 5.0 mg/kg，线性范围为 0～100 mg/kg。

（2）样品处理

①提取。称取或吸取一定量的样品，加入石油醚+丙酮（80:20）反复提取，直至提取液无色，合并提取液，于旋转蒸发器上蒸发至干（水浴温度为 30 ℃～40 ℃）。②纯化。样品提取液用少量石油醚溶解，通过三氧化二铝层析柱分离。先用丙酮+石油醚（5:95）洗脱液淋洗层析柱，然后再加入样品提取液，用丙酮+石油醚（5:95）洗脱 β-胡萝卜素。洗脱流速控制为 20 滴/min，收集于 10 mL 容量瓶中，用洗脱液定容至刻度，样液用 0.45 μm 微孔滤膜过滤，待测定。③测定方法。色谱参考条件为 C_{18} 柱：

4.6 mm×15 cm;流动相:甲醇:乙腈=90:10;紫外检测器波长为448 nm;流速为1.2 mL/min。

（3）方法说明

①层析柱中所装的三氧化二铝（100～120目）需预先于140 ℃活化2 h，取出放入干燥器备用（层析柱为4 cm×1.5 cm）。②配制β-胡萝卜素的标准溶液时，准确称量的标准品先用少量三氯甲烷溶解，再用石油醚溶解并洗涤烧杯数次，用石油醚定容。

2.纸色谱法

（1）原理

样品经过皂化后，用石油醚提取食品中的胡萝卜素及其他植物色素，以石油醚为展开剂进行纸色谱分离。由于胡萝卜素极性小，移动速度快，与其他色素分离，剪下含胡萝卜素的区带。洗脱后于450 nm波长下测定吸光度值。本方法最低检出限为0.11 μg，线性范围为1～20 ng。

（2）样品处理

①皂化。取适量样品（含胡萝卜素20～80 g），加乙醇一氢氧化钾溶液，回流加热30 min，然后用冰水使之迅速冷却。用石油醚提取，直至提取液无色。

②洗涤。将样品提取液用水洗涤到中性，用无水硫酸钠脱水。

③浓缩。洗涤后的提取液于60 ℃水浴蒸发至约1 mL,用氮气吹干,立即加入2.00 mL石油醚定容,供层析用。

（3）测定方法

在18 cm×30 cm的滤纸上点样,于石油醚饱和的层析缸中展开,待胡萝卜素与其他色素完全分开后,取出滤纸,待石油醚自然挥发干,将Rf值与胡萝卜素标准相同的层析带剪下,立即放入盛有石油醚的具塞试管中,振摇,使胡萝卜素完全溶入试剂中。以石油醚调零点,于450 nm波长下测定吸光度值,与标准系列比较定量。

（4）方法说明

操作需在避光条件下进行。乙醇使用前须经脱醛处理。如果标准品不能完全溶解于有机溶剂中，必要时应先将标准品皂化，再用有机溶剂提取，经洗涤、浓缩、定容。

（四）维生素K的测定

维生素K又称抗出血维生素，是一类2-甲基-1，4-萘醌的衍生物。叶绿醌（维生素

K_1）存在于植物组织中，在菠菜、甘蓝、花椰菜和卷心菜等绿色蔬菜中含量较多。

维生素 K 的分析方法有紫外分光光度法、气相色谱法和高效液相色谱法等。目前测定绿色蔬菜中维生素 K_1 的常用方法是高效液相色谱法。

1. 原理

蔬菜中的维生素 K_1 经石油醚提取后，用氧化铝色谱柱净化，除去干扰物。收集含维生素 K_1 的淋洗液，浓缩定容后用高效液相色谱 C_{18} 柱分离，用紫外检测器，在 248 nm 处测定，以外标法计算试样中维生素 K_1 的含量。

本方法检出限为 0.5 μg，线性范围为 1～100 μg/mL。

2. 样品处理

①样品提取。准确称取一定量样品（维生素 K_1 含量不低于 2 pg），加入丙酮，振摇提取。将上清液分别加入丙酮和石油醚多次萃取，萃取液于 80 ℃ 水中蒸发至约 1 mL，用氮气吹干后，用石油醚溶解定容，供柱色谱分析用。②净化。将提取液加入氧化铝柱中，先用石油醚洗涤，后用洗脱液（石油醚:乙醚=97:3）洗脱。浓缩、吹干后用正己烷定容，上清液供色谱分析。

3. 测定方法

色谱参考条件为预柱：ODS，4.5 cm×4 mm，10 μm；分析柱：ODS柱，25 cm×4.6 mm，5 μm；流动相：甲醇:正己烷=98:2；紫外检测器波长为 248 nm；进样量为 20 μL；流速为 1.5 mL/min。

4. 方法说明

（1）柱色谱用中性氧化铝须经磷酸盐处理、碱活化并检验柱效后，方可使用。洗脱时，流速为每秒 1 滴。

（2）维生素 K 易分解，紫外线照射会加速分解。因此，提取样品中的维生素 K 不采用皂化法，而是用有机溶剂直接提取。一般植物样品经干燥后，将其置于有机溶剂如乙醚、丙酮、石油醚中剧烈振摇，把维生素 K 提取出来。动物组织样品要预先干燥，再用有机溶剂提取。整个测定过程应避免强光的照射。

第四章 食品中添加剂的检验

第一节 食品添加剂及食品中着色剂的检验

一、食品添加剂概述

（一）食品添加剂的含义

《中华人民共和国食品卫生法》对食品添加剂的定义是："为改善食品品质和色、香、味以及为防腐、保鲜和加工工艺的需要而加入食品中的人工合成或者天然物质，包括营养强化剂。"世界各国对此的定义不尽相同。欧共体和联合国规定，食品添加剂不包括为改进营养价值而加入的物质。美国规定食品添加剂不但包括营养物质，还包括各种间接使用的添加剂，如包装材料中的少量迁移物。

食品添加剂的特点是无营养性，其功能是保持食品营养，防止腐败变质，增强食品感官性状，满足加工工艺要求，提高食品质量。

（二）食品添加剂的分类

目前，世界上直接使用的食品添加剂有 4 000 多种，批准使用的 3 000 多种，常用的有 600～1 000 种。我国包括香料在内的有 1 200 多种。我国对各种添加剂中允许使用的品种和用量都做了详细的规定。

按来源分为天然、合成两大类。天然食品添加剂：利用动植物或微生物的代谢提取所得的天然添加剂。一般对人体无害，长期为人们广泛使用，如红曲色素。化学合成的食品添加剂：以煤焦油等化工产品为原料，通过化学手段，包括氧化还原、综合、聚合成盐等合成反应所得到的化合物。有的具有一定的毒性，若无限制地使用，对食用者的健康将造成危害。即使被认为是安全的化学合成添加剂，也不属食品的正常成分，它们在生产过程中可能混入有害杂质，这都将影响食品的品质。

按用途分为酸度调节剂、抗结剂、消泡剂、抗氧化剂、漂白剂、膨松剂、胶基糖果中基础剂物质、着色剂、护色剂、乳化剂、酶制剂、增味剂、面粉处理剂、被膜剂、水分保持剂、营养强化剂、防腐剂、稳定剂和凝固剂、甜味剂、增稠剂、食品用香料、食品工业用加工助剂等。

（三）食品添加剂的作用

食品添加剂作为食品的重要组成部分，虽然只在食品中添加0.01%～0.1%，却对改善食品的性状、提高食品的档次等发挥着极其重要的作用。其主要作用概括如下：

1.有利于食品的保藏，防止腐败变质。例如，防腐剂的使用，可防止由微生物引起的食品腐败变质。

2.保持和提高食品的营养价值，改善食品的感官性状。例如，适当使用着色剂、发色剂、漂白剂、甜味剂、营养强化剂、食用香料等，可明显提高食品的营养价值和感官质量。

3.有利于食品的加工操作，适应机械化、连续化大生产。

（四）食品添加剂的使用

食品添加剂作为人为引入食品中的外来成分，除了对某些食品具有特效功能以外，绝大多数对食用者具有一定的毒性。食品添加剂可能危害健康。例如，过期的食品添加剂，和过期食品一样有害或更甚；不纯的食品添加剂，如汞、铝等未清除；长期过量食用食品添加剂；使用已禁止使用的食品添加剂。因此，只要人们认真了解食品添加剂的性能和作用，认真检查食品中添加剂的成分、使用量及有效期，就能避免其对人们身体造成的损害，并充分利用食品添加剂的作用，为人们增添更多、更美味新鲜的食品，丰富人们的餐桌。

为保证食品的质量，避免因添加剂使用不当造成不合格食品流入消费领域，在食品的生产、检验、管理中对食品添加剂的测定是十分必要的。特别应该提及的是对那些具有一定毒性的食品添加剂，应尽可能不用或少用。必须使用时，应严格控制使用范围和使用量。

国家标准对食品添加剂的生产和使用都有严格的规定，使用食品添加剂应遵循以下原则：

1.经过规定的食品毒理学安全评价程序的评价，证明在使用限量内长期使用对人体安全无害。尽可能不用或少用。必须使用时，应当严格控制使用范围和使用量，不得随意扩大。添加于食品中能被分析鉴定出来。

2.不影响食品感官性质和原味，对食品营养成分不应有破坏作用。进入人体的添加剂能正常代谢排出。在允许的使用范围内，长期摄入后对食用者不引起慢性毒害作用。

3.不得由于使用添加剂而降低良好的加工措施和卫生要求。食品添加剂应有严格的质量标准，并按《食品添加剂卫生管理办法》进行卫生管理。其有害杂质不得超过允许限量。不得使用食品添加剂掩盖食品的缺陷（如霉变、腐败）或作为伪造手段。

4.未经国家卫生健康委员会允许，婴儿及儿童食品不得加入食品添加剂。

（五）食品添加剂的检测

使用食品添加剂对防止食品腐败变质、改善食品质量、满足人们对食品品种日益增多的需要等方面均起到积极的作用。我国严格规定相关食品添加剂所使用的品种、使用的范围、使用的含量必须与食品安全国家标准中规定的一致。否则，食品中所含食品添加剂的含量过多，极易威胁消费者的身体健康，甚至导致消费者发生食物中毒。因此，必须测定食品添加剂的含量以控制其用量，监督、保证和促进正确合理地使用食品添加剂，确保人民的身体健康。

食品添加剂的检测是先分离再测定。分离主要使用蒸馏法、溶剂萃取法、色层分离等。测定主要使用比色法、紫外分光光度法、薄层色谱法、气相色谱法、高效液相色谱法等。

二、食品中着色剂的检测

（一）测定着色剂含量的意义

食品着色剂又称食用色素，是以食品着色为目的的一类食品添加剂。食品的颜色是食品感官质量的重要指标之一，食品具有鲜艳的色泽不仅可以提高食品的感官质量，给人以美的享受，还可以增进食欲。在一定使用量的范围内使用着色剂对人体没有伤害。但是若食品着色剂添加超标，长期或者一次性大量食用可能对人体内脏造成损害甚至致癌。

（二）食品中着色剂的种类

食品着色剂按其来源和性质可分为食品合成着色剂和食品天然着色剂；按着色剂的溶解性可分为脂溶性着色剂和水溶性着色剂。与天然着色剂相比，合成着色剂颜色更加鲜艳，不易褪色，且价格较低。人工合成着色剂是从煤焦油中制取，或以苯、甲苯、萘等芳香烃化合物为原料合成制得的，因此又被称为煤焦油色素或苯胺色素，这类色素多属偶氮化合物，在体内进行转化可形成芳香胺，芳香胺在体内经 N-羟化和酯化可转变为易与生物大分子亲核中心结合的致癌物，而具有致癌性。另外，人工合成色素在合成过程中可能会因原料不纯而受到有害物质（如铅、砷等）的污染。

（三）食品中着色剂的测定方法

着色剂的检测方法有高效液相色谱法、示波极谱法、薄层色谱法和纸色谱法等。下面介绍高效液相色谱法和纸色谱法测定食品中的着色剂。

1.高效液相色谱法测定合成着色剂

（1）适用范围

适用于饮料、硬糖、蜜饯、淀粉软糖、巧克力豆、着色糖衣制品等中合成着色剂（不含铝色锭）的测定。

（2）原理

食品中人工合成着色剂用聚酰胺吸附法或液-液分配法提取，制成水溶液，注入高效液相色谱仪，经反相色谱分离，根据保留时间定性，与峰面积比较进行定量。

（3）试剂和材料

试剂：①甲醇（CH_3OH）：色谱纯；②正己烷（C_6H_{14}）；③盐酸（HCl）；④甲酸（HCOOH）；⑤乙酸铵（CH_3COONH_4）；⑥柠檬酸（$C_6h_8O_7 \cdot H_2O$）；⑦硫酸钠（NA_2SO_4）；⑧正丁醇（$C_4H_{10}O$）；⑨三正辛胺（$C_{24}H_{51}N$）；⑩无水乙醇（CH_3CH_2OH）；⑪氨水（$NH_3 \cdot H_2O$）：含量 20 %～25 %；⑫聚酰胺粉（尼龙 6）：过 200 μm（目）筛。

试剂配制：①乙酸铵溶液（0.02 mol/L）：称取 1.54 g 乙酸铵，加水至 1000 mL，溶解，经 0.45 μm 微孔滤膜过滤；②氨水溶液：量取氨水 2 mL，加水至 100 mL，混匀；③甲醇-甲酸溶液（6+4，体积比）：量取甲醇 60 mL，甲酸 40 mL，混匀；④柠檬酸溶液：称取 20 g 柠檬酸，加水至 100 mL，溶解混匀；⑤无水乙醇-氨水-水溶液（7+2+1，体积比）：量取无水乙醇 70 mL、氨水溶液 20 mL、水 10 mL，混匀；⑥三正辛胺+正丁醇溶液（5%）：量取三正辛胺 5 mL，加正丁醇至 100 mL，混匀；⑦饱和硫酸钠溶液；⑧pH6 的水：水加柠檬酸溶液调 pH 到 6；⑨pH 4 的水：水加柠檬酸溶液调 pH 到 4。

标准品：①柠檬黄（CAS：1934-21-0）；②新红（CAS：220 658-76-4）；③苋菜红（CAS：915-67-3）；④胭脂红（CAS：2 611-82-7）；⑤日落黄（CAS：2 783-94-0）；⑥亮蓝（CAS：3 844-45-9）；⑦赤藓红（CAS：16 423-68-0）。

标准溶液配制：①合成着色剂标准贮备液（1 mg/mL）：准确称取按其纯度折算为 100%质量的柠檬黄、日落黄、苋菜红、胭脂红、新红、赤藓红、亮蓝各 0.1 g（精确至 0.0001 g），置 100 mL 容量瓶中，加 pH6 的水到刻度。配成水溶液（1.00 mg/mL）。②合成着色剂标准使用液（50 μg/mL）：临用时将标准贮备液加水稀释 20 倍，经 0.45 μm 微孔滤膜过滤，配成每毫升相当于 50.0 μg 的合成着色剂。

（4）仪器和设备

①高效液相色谱仪，带二极管阵列或紫外检测器；②天平：感量为 0.001 g 和 0.0001 g；③恒温水浴锅；④G3 垂熔漏斗。

（5）分析步骤

试样制备：①果汁饮料及果汁、果味碳酸饮料等：称取 20 g～40 g（精确至 0.001 g），放入 100 mL 烧杯中。含二氧化碳样品加热或超声驱除二氧化碳。②硬糖、蜜饯类、淀粉软糖等：称取 5 g～10 g（精确至 0.001 g）粉碎样品，放入 100 mL 小烧杯中，加水 30 mL，温热溶解，若样品溶液 pH 较高，用柠檬酸溶液调 pH 到 6 左右。③巧克力豆及着色糖衣制品：称取 5 g～10 g（精确至 0.001 g），放入 100 mL 小烧杯中，用水反复洗涤色素，到巧克力豆无色素为止，合并色素漂洗液为样品溶液。

色素提取：①聚酰胺吸附法：样品溶液加柠檬酸溶液调 pH 到 6，加热至 60 ℃，将 1 g 聚酰胺粉加少许水调成粥状，倒入样品溶液中，搅拌片刻，以 G3 垂熔漏斗抽滤，用 60 ℃ pH 为 4 的水洗涤 3～5 次，然后用甲醇-甲酸混合溶液洗涤 3～5 次，再用水洗至中性，用乙醇-氨水-水混合溶液解吸 3～5 次，直至色素完全解吸，收集解吸液，加乙酸中和，蒸发至近干，加水溶解，定容至 5 mL，经 0.45 μm 微孔滤膜过滤，进高效液相色谱仪分析。②液-液分配法（适用于含赤藓红的样品）：将制备好的样品溶液放入分液漏斗中，加 2 mL 盐酸、三正辛胺-正丁醇溶液（5%）10 mL～20 mL，振摇提取，分取有机相，重复提取，直至有机相无色，合并有机相，用饱和硫酸钠溶液洗 2 次，每次 10 mL，分取有机相，放入蒸发皿中，水浴加热浓缩至 10 mL，转移至分液漏斗中，加 10 mL 正己烷，混匀，加氨水溶液提取 2～3 次，每次 5 mL，合并氨水溶液层（含水溶性酸性色素），用正己烷洗 2 次，氨水层加乙酸调成中性，水浴加热蒸发至近干，加水定容至 5 mL，经 0.45 μm 微孔滤膜过滤，进高效液相色谱仪分析。

仪器参考条件：①色谱柱：C_{18} 柱，4.6 mm×250 mm，5 μm；②进样量：10 μL；③柱温：35 ℃；④二极管阵列检测器波长范围：400 nm～800 nm，或紫外检测器检测波长：254 nm；⑤梯度洗脱表见表 4-1。

表 4-1 梯度洗脱表

时间 min	流速 mL/min	0.02 mol/L 乙酸铵溶液%	甲醇%
0	1.0	95	5
3	1.0	65	35
7	1.0	0	100
10	1.0	0	100
10.1	1.0	95	5
21	1.0	95	5

测定：将样品提取液和合成着色剂标准使用液分别注入高效液相色谱仪，根据保留时间定性，外标峰面积法定量。

（6）分析结果的表述

试样中着色剂含量按式（4-1）计算：

$$X = \frac{c \times V \times 1000}{m \times 1000 \times 1000} \qquad (4-1)$$

式中：

X ——试样中着色剂的含量；

c ——进样液中着色剂的浓度；

V ——试样稀释总体积；

m ——试样质量；

1 000——换算系数。

2. 纸色谱法测定食品中的诱惑红

（1）适用范围

适用于汽水、硬糖、糕点、冰激凌中诱惑红的测定。

（2）原理

诱惑红在酸性条件下被聚酰胺粉吸附，而在碱性条件下解吸附，再用纸色谱法进行分离后，与标准比较定性、定量。

（3）试剂和材料

试剂：①甲醇（CH_3OH）；②石油醚：沸程 30 ℃～60 ℃；③硫酸（H_2SO_4）：优级纯；④乙醇（CH_3CH_2OH）；⑤氨水（$NH_3 \cdot H_2O$）：含量 20%～25%；⑥柠檬酸（$C_6H_8O_7 \cdot H_2O$）；⑦钨酸钠（$Na_2WO_4 \cdot 2H_2O$）；⑧丁酮（C_4H_8O）；⑨丙醇（C_3H_8O）；⑩正丁醇（C_4HO）；⑪海砂；⑫甲酸（$HCOOH$）；⑬聚酰胺粉。

试剂配制：①硫酸溶液（10%，体积分数）：将 1 mL 硫酸缓慢加入至 8 mL 水中，混匀，冷却，用水定容至 10 mL，混匀；②乙醇-氨溶液：取 2 mL 的氨水，加 70%（体积分数）乙醇至 100 mL；③乙醇溶液（50%，体积分数）：量取 50 mL 无水乙醇与 50 mL 水混匀；④柠檬酸溶液（200 g/L）：称取 20 g 柠檬酸，加水至 100 mL，溶解混匀；⑤钨酸钠溶液（100 g/L）：称取 10 g 钨酸钠，加水至 100 mL，溶解混匀；⑥氨水溶液（1%，体积分数）：量取 1 mL 氨水，加水至 100 mL，混匀；⑦柠檬酸钠溶液（2.5%，体积分数）：称取 2.5 g 柠檬酸，加水至 100 mL，溶解混匀；⑧甲醇-甲酸溶液（6:4，体积分数）：量取甲醇 60 mL，甲酸 40 mL，混匀；⑨展开剂 1：丁酮+丙醇+水+氨水（7+3+3+0.5）；⑩展开剂 2：正丁醇+无水乙醇+1%氨水溶液（6+2+3）；⑪展开剂3：2.5%柠檬酸钠+氨水+乙醇（8+1+2）。

标准品：诱惑红（CAS：25 956-17-6）。

标准溶液配制：①诱惑红标准贮备液配制：准确称取诱惑红 0.025 g（精确到 0.0001 g，按诱惑红实际纯度折算为纯品后的质量），用水溶解并定容至 25 mL，诱惑红浓度为 1.0 mg/mL。②诱惑红标准使用液（0.1 mg/mL）：吸取诱惑红的标准贮备液 5.0 mL 于 50 mL 容量瓶中，加水稀释到 50 mL。

（4）仪器和设备

①可见分光光度计；②电子天平：感量为 0.001 g 和 0.0001 g；③微量注射器：10 μL、50 μL；④展开槽；⑤电吹风机；⑥离心机；⑦恒温水浴锅。

（5）分析步骤

试样制备：

①汽水：将样品加热去二氧化碳后，称取 10 g（精确到 0.001 g）样品于烧杯中，然后用 20%柠檬酸调 pH 呈酸性，加入 0.5 g～1.0 g 聚酰胺粉吸附色素，将吸附色素的聚酰胺粉全部转到漏斗中过滤，用 pH 4 的酸性热水洗涤多次（约 200 mL），以洗去糖等物质。若有天然色素，用甲醇-甲酸溶液洗涤 1～3 次，每次 20 mL，至洗液无色为止。再用 70℃的水多次洗涤至流出液中性。洗涤过程应充分搅拌然后用乙醇-氨水溶液分次解吸色素，收集全部解吸液，于水浴上去除氨，蒸发至 2 mL 左右，转入 5 mL 的容量瓶中，用 50%的乙醇分次洗涤蒸发皿，洗涤液并入 5 mL 的容量瓶中，用 50%的乙醇定容至刻度。此液留作纸色谱用。

②硬糖：称取 10 g（精确到 0.001 g）的已粉碎的样品，加 30 mL 的水，温热溶解，若样品溶液的 pH 较高，用柠檬酸溶液调至 pH 4 左右。加入 0.5 g～1.0 g 聚酰胺粉吸附色素，将吸附色素的聚酰胺粉全部转到漏斗中过滤，用 pH 4 的酸性热水洗涤多次（约 200 mL），以洗去糖等物质。若有天然色素，用甲醇-甲酸溶液洗涤 1～3 次，每次 20 mL，至洗液无色为止。再用 70℃的水多次洗涤至流出液呈中性。洗涤过程中应充分搅拌，

然后用乙醇-氨水溶液分次解吸色素，收集全部解吸液，于水浴上去除氨，蒸发至 2 mL 左右，转入 5 mL 的容量瓶中，用 50 %的乙醇分次洗涤蒸发皿，洗涤液并入 5 mL 的容量瓶中，用 50 %的乙醇定容至刻度。此液留作纸色谱用。

③糕点：称取 10 g（精确到 0.001 g）已粉碎的样品，加入 30 mL 石油醚提取脂肪，共提三次，然后用电吹风吹干，倒入漏斗中，用乙醇-氨解吸色素，解吸液于水浴上蒸发至 20 mL，加入 1 mL 的钙酸钠溶液沉淀蛋白，真空抽滤，用乙醇-氨解吸滤纸上的诱惑红，然后将滤液于水浴上去除氨，调 pH 呈酸性，加入 0.5 g～1.0 g 聚酰胺粉吸附色素，将吸附色素的聚酰胺粉全部转到漏斗中过滤，用 pH₄ 的酸性热水洗涤多次（约 200 mL），以洗去糖等物质。若有天然色素，用甲醇-甲酸溶液洗涤 1～3 次，每次 20 mL，至洗液无色为止。再用 70 ℃的水多次洗涤至流出液呈中性。洗涤过程中应充分搅拌，然后用乙醇-氨水溶液分次解吸色素，收集全部解吸液，于水浴上去除氨，蒸发至 2 mL 左右，转入 5 mL 的容量瓶中，用 50 %的乙醇分次洗涤蒸发皿，洗涤液并入 5 mL 的容量瓶中，用 50 %的乙醇定容至刻度。此液留作纸色谱用。

④冰激凌：称取 10 g（精确到 0.001 g）已均匀的试样于烧杯中，加入 20 g 海砂 15 mL 石油醚提取脂肪，提取 2 次，倾去石油醚，然后在 50 ℃的水浴上去除石油醚，再加入乙醇-氨解吸液解吸诱惑红，解吸液倒入 100 mL 的蒸发皿中，直至解吸液无色。将解吸液在水浴上去除乙醇，使体积约为 20 mL 时，加入 1 mL 硫酸（1+10），1 mL 钨酸钠溶液沉淀蛋白，放置 2 min，然后用乙醇-氨调至 pH 呈碱性，将溶液转入离心管中，5000 r/min 离心 15 min，倾出上清液，于水浴上去除乙醇，然后用柠檬酸溶液调 pH 呈酸性，加入 0.5 g～1.0 g 聚酰胺粉吸附色素，将吸附色素的聚酰胺粉全部转到漏斗中过滤，用 pH₄ 的酸性热水洗涤多次（约 200 mL），以洗去糖等物质。若有天然色素，用甲醇-甲酸溶液洗涤 1～3 次，每次 20 mL，至洗液无色为止。再用 70 ℃的水多次洗涤至流出液呈中性。洗涤过程中应充分搅拌，然后用乙醇-氨水溶液分次解吸色素，收集全部解吸液，于水浴上去除氨，蒸发至 2 mL 左右，转入 5 mL 的容量瓶中，用 50 %的乙醇分次洗涤蒸发皿，洗涤液并入 5 mL 的容量瓶中，用 50 %的乙醇定容至刻度。此液留作纸色谱用。

定性：取层析纸，在距底边 2 cm 起始线上分别点 3 μL～10 μL 的样品处理液、1 μL 诱惑红标准使用液，分别挂于盛有展开剂 1、展开剂 2、展开剂 3 的展开槽中，用上行法展开，待溶剂前沿展至 15 cm 处，将滤纸取出，在空气中晾干，与标准斑比较定性。

定量：

①标准曲线的制备：吸取 0 mL、0.2 mL、0.4 mL、0.6 mL、0.8 mL、1.0 mL 诱惑红标准使用液，分别置于 10 mL 比色管中，各加水稀释到刻度，浓度分别为 0 μg/mL、2 μg/mL、4 μg/mL、6 μg/mL、8 μg/mL、10 μg/mL。用 1 mL 比色杯，以零管调零点，于波长 500 nm 处，测定吸亮度，绘制标准曲线。

②样品的测定：取色谱用纸，在距离底边 2 cm 的起始线上，点 0.2 mL 样品处理液，从左到右点成条状。纸的右边点诱惑红的标准溶液 1 μL，依次展开，取出晾干。将样品的色带剪下，用少量热水洗涤数次，洗液移入 10 mL 的比色管中，加水稀释至刻度，混匀后，与标准管同时在 500 nm 处，测定吸亮度。

（6）分析结果的表述

试样中诱惑红含量按式（4-2）计算：

$$X = \frac{A \times 1000}{m \times \dfrac{V_2}{V_1} \times 1000} \tag{4-2}$$

式中：

X ——试样中诱惑红的含量；

A ——测定用样品中诱惑红的含量；

V_1 ——样品解吸后总体积；

V_2 ——样品纸层析用体积；

M ——试样质量；

1 000——换算系数。

第二节　食品中甜味剂及漂白剂的检验

一、食品中甜味剂的检测

（一）测定甜味剂含量的意义

甜味剂是以赋予食品甜味为目的的食品添加剂。为了使食品、饮料具有更好的口感，生产中常加入一定量的甜味剂。国内外对甜味剂的安全性进行了大量的研究，研究结果表明，只要生产厂家严格按照国家规定的标准使用甜味剂，并在食品标签上正确标注，对消费者的健康就不会造成危害；但如果超量使用，则会危害人体健康，为此国家对甜味剂的使用范围及用量进行了严格规定。

（二）食品中甜味剂的种类

甜味剂的种类较多，按其来源可分为天然甜味剂和合成甜味剂。天然甜味剂有甜菊糖、甘草、甘草酸二钠、甘草酸三钾钠、罗汉果苷等，其中甜菊糖使用最多。人工甜味剂有糖精钠、环己基氨基磺酸钠（甜蜜素）、天门冬氨酰苯丙氨酸甲酯（阿斯巴甜）、乙酰磺胺酸钾（安赛蜜）、三氯蔗糖等。人工合成的甜味剂中使用最多的是糖精（糖精钠），其甜度约为蔗糖的300倍。

按结构、性质分为糖类（糖醇）和非糖类甜味剂，非糖类甜味剂按结构又分为磺胺类、二肽类、蔗糖衍生物等。糖醇类甜味剂有山梨糖醇、麦芽糖醇、异麦芽酮糖醇、木糖醇、乳糖醇、赤藓糖醇等。因为糖醇类甜味剂热值较低，而且和葡萄糖有不同的代谢过程，所以有某些特殊的用途。例如，糖醇可通过非胰岛素机制进入果糖代谢途径，实验证明它不会引起血糖升高，因而是糖尿病人的理想甜味剂。非糖类甜味剂主要有糖精钠、甜蜜素、纽甜、阿斯巴甜、阿力甜、甜菊糖苷、安赛蜜、罗汉果甜苷、三氯蔗糖等。非糖类甜味剂甜度很高，用量极少；热值很小，在相同甜度蔗糖的2%以下；不被口腔微生物利用，故不致龋；甜度保存时间长，加热时不易焦化，不参与代谢过程，对血糖无影响。

按营养价值分为营养性和非营养型甜味剂，两者主要区别在于能量含量不同。营养性甜味剂指与蔗糖甜度相等的含量，其热值相当于蔗糖热值 2%以上者，主要包括各种糖类（如葡萄糖、果糖、麦芽糖等）和糖醇类。营养性甜味剂的相对甜度，除果糖、木糖醇外，一般都低于蔗糖。非营养型甜味剂指与蔗糖甜度相等时的含量，其热值低于蔗糖热值 2%，包括甜叶菊糖苷、甘草苷等天然物质和甜蜜素、安赛蜜等化学合成物质。

（三）食品中甜味剂的测定方法

目前甜味剂的检测方法包括薄层色谱法、紫外分光光度法、气相色谱法、液相色谱法、气/液质联用法、毛细管电泳法等。食品安全国家标准主要使用气相色谱法、高效液相色谱法和液相色谱-质谱/质谱法对甜味剂进行测定，其中高效液相色谱法占主导地位，能够对大多数的甜味剂进行检测分析，包括糖精钠、甜蜜素、安赛蜜、甘草苷、甜菊苷等。

1.液相色谱-质谱/质谱法测定食品中的甜蜜素

（1）原理

酒样经水浴加热除去乙醇后以水定容，用液相色谱-质谱/质谱仪测定其中的环己基氨基磺酸钠，外标法定量。

（2）试剂和材料

试剂：①甲醇（CH_3OH）：色谱纯；②乙酸铵（CH_3COONH_4）；③10 mmol/L 乙酸铵溶液：称取 0.78 g 乙酸铵，用水溶解并稀释至 1000 mL，摇匀后经 0.22 μm 水相滤膜过滤备用。

标准品：环己基氨基磺酸钠标准品（$C_6H_{12}NSO_3Na$）：纯度≥99%。

微孔滤膜：0.22 μm，水相。

（3）仪器和设备

①液相色谱-质谱/质谱仪，配有电喷雾离子源（ESI）；②分析天平，感量 0.1 mg、0.1 g；③恒温水浴锅。

（4）分析步骤

试样溶液制备：称取酒样 10.0 g，置于 50 mL 烧杯中，于 60 ℃水浴上加热 30 min，残渣全部转移至100 mL 容量瓶中，用水定容并摇匀，经0.22 μm 水相微孔滤膜过滤后备用。

仪器参考条件：①色谱柱：C$_{18}$柱，1.7 μm，100 mm×2.1 mm（i，d），或同等性能的色谱柱；②流动相：甲醇、10 mmol/L 乙酸铵溶液；③梯度洗脱：见表4-2；④流速：0.25 mL/min；⑤进样量：10 μL；⑥柱温：35 ℃。

表4-2 液相色谱梯度洗脱条件

序号	时间/min	甲醇/%	10 mmol/L 乙酸铵溶液/%
1	0	5	95
2	2.0	5	95
3	5.0	50	50
4	5.1	90	10
5	6.0	90	10
6	6.1	5	95
7	9	5	95

质谱操作条件：①离子源：电喷雾电离源（ESI）。②扫描方式：多反应监测（MRM）扫描。③质谱调谐参数应优化至最佳条件，确保环己基氨基磺酸钠在正离子模式下的灵敏度达到最佳状态，并调节正、负模式下定性离子的相对丰度接近。

标准曲线的制作：将配制好的标准系列溶液按照浓度由低到高的顺序进行测定，以环己基氨基磺酸钠定量离子的色谱峰面积对相应的浓度作图，得到标准曲线回归方程。

定性测定：在相同的试验条件下测定试样溶液，若试样溶液质量色谱图中环己基氨基磺酸钠的保留时间与标准溶液一致（变化范围在±2.5%以内），且试样定性离子的相对丰度与浓度相当的标准溶液中定性离子的相对丰度，其偏差不超过表4-3的规定，则可判定样品中存在环己基氨基磺酸钠。

表 4-3　定性离子相对丰度的最大允许偏差

相对离子丰度/%	>50	>20～50	>10～20	≤10
允许的相对偏差/%	±20	±25	±30	±50

定量测定：将试样溶液注入液相色谱-质谱/质谱仪中，得到环己基氨基磺酸钠定量离子峰面积，根据标准曲线计算试样溶液中环己基氨基磺酸钠的浓度，平行测定次数不少于两次。

（5）分析结果的表述

试样中环己基氨基磺酸钠含量按式（4-3）计算：

$$X = \frac{c \times V}{m} \qquad\qquad (4\text{-}3)$$

式中：

X ——试样中环己基氨基磺酸钠的含量；

c ——由标准曲线计算出的试样溶液中环己基氨基磺酸的浓度；

V ——试样的定容体积；

m ——试样的质量。

计算结果以重复性条件下获得的两次独立测定结果的算术平均值表示，结果保留三位有效数字。

2. 液相色谱法测定食品中的阿斯巴甜和阿力甜

（1）原理

根据阿斯巴甜和阿力甜易溶于水、甲醇和乙醇等极性溶剂不溶于脂溶性溶剂的特点，蔬菜及其制品、水果及其制品、食用菌和藻类、谷物及其制品、焙烤食品、膨化食品和果冻试样用甲醇水溶液在超声波振荡下提取；浓缩果汁、碳酸饮料、固体饮料类、餐桌调味料和除胶基糖果以外的其他糖果试样用水提取；乳制品、含乳饮料类和冷冻饮品试样通过乙醇沉淀蛋白后用乙醇水溶液提取；胶基糖果通过正己烷溶解胶基并用水提取；脂肪类乳化制品、可可制品、巧克力及巧克力制品、坚果与籽类、水产及其制品、蛋制品用水提取，然后用正己烷除去脂类成分。各提取液在液相色谱 C_{18} 反相柱上进行分离，在波长 200 nm 处检测，以色谱峰的保留时间定性，外标法定量。

（2）试剂和材料

试剂：①甲醇（CH₃OH）：色谱纯。②乙醇（CH₃CH₂OH）：优级纯。

标准品：①阿力甜标准品（C₁₄H₂₅N₃O₄S，CAS 号：80863-62-3）：纯度≥99%。②阿斯巴甜标准品（C₁₄h₁₈N₂O₅，CAS 号：22839-47-0）：纯度≥99%。

标准溶液配制：①阿斯巴甜和阿力甜的标准储备液（0.5 mg/mL）：各称取 0.025 g（精确至 0.0001 g）阿斯巴甜和阿力甜，用水溶解并转移至 50 mL 容量瓶中并定容至刻度，置于 4 ℃左右的冰箱保存，有效期为 90 d。②阿斯巴甜和阿力甜混合标准工作液系列的制备：将阿斯巴甜和阿力甜标准储备液用水逐级稀释成混合标准系列，阿斯巴甜和阿力甜的浓度均分别为 100 μg/mL、50 μg/mL、25 μg/mL、10.0 μg/mL、5.0 μg/mL 的标准使用溶液系列。置于 4 ℃左右的冰箱保存，有效期为 30 d。

（3）仪器和设备

①液相色谱仪：配有二极管阵列检测器或紫外检测器；②超声波振荡器；③天平：感量为 1 mg 和 0.1 mg；④离心机：转速，4000 r/min。

（4）分析步骤

第一，试样制备及前处理。

①碳酸饮料、浓缩果汁、固体饮料、餐桌调味料和除胶基糖果以外的其他糖果：称取约 5 g（精确到 0.001 g）碳酸饮料试样于 50 mL 烧杯中，在 50 ℃水浴上除去二氧化碳，然后将试样全部转入 25 mL 容量瓶中，备用；称取约 2 g 浓缩果汁试样（精确到 0.001 g）于 25 mL 容量瓶中，备用；称取约 1 g 的固体饮料或餐桌调味料或绞碎的糖果试样（精确到 0.001 g)于 50 mL 烧杯中,加 10 mL 水后超声波震荡提取 20 min,将提取液移入 25 mL 容量瓶中，烧杯中再加入 10 mL 水后超声波震荡提取 10 min，提取液移入同一 25 mL 容量瓶，备用。将上述容量瓶的液体用水定容，混匀，4000 r/min 离心 5 min，上清液经 0.45 μm 水系滤膜过滤后用于色谱分析。

乳制品、含乳饮料和冷冻饮品：对于含有固态果肉的液态乳制品需要用食品加工机进行匀浆，对于干酪等固态乳制品，需用食品加工机按试样与水的质量比 1:4 进行匀浆。分别称取约 5 g 液态乳制品、含乳饮料、冷冻饮品、固态乳制品匀浆试样（精确到 0.001 g）于 50 mL 离心管，加入 10 mL 乙醇，盖上盖子；对于含乳饮料和冷冻饮品试样，首先轻轻上下颠倒离心管 5 次（不能振摇），对于乳制品，先将离心管涡旋混匀 10 s，然后静置 1 min，4000 r/min 离心 5 min，上清液滤入 25 mL 容量瓶，沉淀用 8 mL 乙醇-水（2+1）洗涤，离心后上清液转移入同一 25 mL 容量瓶，用乙醇-水（2+1）定容，经 0.45 μm 有机系滤膜过滤后用于色谱分析。

果冻：对于可吸果冻和透明果冻，用玻璃棒搅匀，含有水果果肉的果冻需要用食品加工机进行匀浆。称取约 5 g（精确到 0.001 g）制备均匀的果冻试样于 50 mL 的比色管中，加入 25 mL80 %的甲醇水溶液，在 70 ℃的水浴上加热 10 min，取出比色管，趁热将提取液转入 50 mL 容量瓶，再用 15 mL80 %的甲醇水溶液分两次清洗比色管，每次振摇约 10 s，并转入同一个 50 mL 的容量瓶，冷却至室温，用 80 %的甲醇水溶液定容到刻度，混匀，4000 r/min 离心 5 min，将上清液经 0.45 μm 有机系滤膜过滤后用于色谱分析。

蔬菜及其制品、水果及其制品、食用菌和藻类：水果及其制品试样如有果核首先需要去掉果核。对于较干较硬的试样，用食品加工机按试样与水的质量比为 1:4 进行匀浆，称取约 5 g（精确到 0.001 g）匀浆试样于 25 mL 的离心管中，加入 10 mL70 %的甲醇水溶液，摇匀，超声 10 min，4000 r/min 离心 5 min，上清液转入 25 mL 容量瓶，再加 8 mL50 %的甲醇水溶液重复操作一次，上清液转入同一个 25 mL 容量瓶，最后用 50 %的甲醇水溶液定容，经 0.45 μm 有机系滤膜过滤后用于色谱分析。

对于含糖多的、较黏的、较软的试样，用食品加工机按试样与水的质量比为 1:2 进行匀浆，称取约 3 g（精确到 0.001 g）匀浆试样于 25 mL 的离心管中；对于其他试样，用食品加工机按试样与水的质量比为 1:1 进行匀浆，称取约 2 g（精确到 0.001 g）匀浆试样于 25 mL 的离心管中；然后向离心管加入 10 mL60 %的甲醇水溶液，摇匀，超声 10 min，4000 r/min 离心 5 min，上清液转入 25 mL 容量瓶，再加 10 mL50 %的甲醇水溶液重复操作一次，上清液转入同一个 25 mL 容量瓶，最后用 50 %的甲醇水溶液定容，经 0.45 μm 有机系滤膜过滤后用于色谱分析。

谷物及其制品、焙烤食品和膨化食品：试样需要用食品加工机进行均匀粉碎，称取 1 g（精确到 0.001 g）粉碎试样于 50 mL 离心管中，加入 12 mL50 %甲醇水溶液，涡旋混匀，超声振荡提取 10 min，4000 r/min 离心 5 min，上清液转移入 25 mL 容量瓶中，再加 10 mL50 %甲醇水溶液，涡旋混匀，超声振荡提取 5 min，4000 r/min 离心 5 min，上清液转入同一 25 mL 容量瓶中，用蒸馏水定容，经 0.45 μm 有机系滤膜过滤后用于色谱分析。

胶基糖果：用剪刀将胶基糖果剪成细条状，称取约 3 g（精确到 0.001 g）剪细的胶基糖果试样，转入 100 mL 的分液漏斗中，加入 25 mL 水剧烈振摇约 1 min，再加入 30 mL 正己烷，继续振摇直至口香糖全部溶解（约 5 min），静置分层约 5 min，将下层水相放入 50 mL 容量瓶，然后加入 10 mL 水到分液漏斗，轻轻振摇约 10 s，静置分层约 1 min，再将下层水相放入同一容量瓶中，再加入 10 mL 水重复 1 次操作，最后用水定容至刻度，摇匀后过 0.45 μm 水系滤膜后用于色谱分析。

脂肪类乳化制品、可可制品、巧克力及巧克力制品、坚果与籽类、水产及其制品、蛋制品：用食品加工机按试样与水的质量比为 1:4 进行匀浆，称取约 5 g（精确到 0.001 g）匀浆试样于 25 mL 离心管中，加入 10 mL 水超声振荡提取 20 min，静置 1 min，4000 r/min 离心 5 min，上清液转入 100 mL 的分液漏斗中，离心管中再加入 8 mL 水超声振荡提取 10 min，静置和离心后将上清液再次转入分液漏斗中，向分液漏斗中加入 15 mL 正己烷，振摇 30 s，静置分层约 5 min，将下层水相放入 25 mL 容量瓶，用水定容至刻度，摇匀后过 0.45 μm 水系滤膜后用于色谱分析。

第二，仪器参考条件：①色谱柱：C_{18}，柱长 250 mm，内径 4.6 mm，粒径 5 μL；②柱温：30 ℃；③流动相：甲醇-水（40+60）或乙腈-水（20+80）；④流速：0.8 mL/min；⑤进样量：20 μL；⑥检测器：二极管阵列检测器或紫外检测器；⑦检测波长：200 nm。

第三，标准曲线的制作：将标准系列工作液分别在上述色谱条件下测定相应的峰面积（峰高），以标准工作液的浓度为横坐标，以峰面积（峰高）为纵坐标，绘制标准曲线。

第四，试样溶液的测定：在相同的液相色谱条件下，将试样溶液注入液相色谱仪中，以保留时间定性，以试样峰高或峰面积与标准比较定量。

（5）分析结果的表述

试样中阿斯巴甜或阿力甜的含量按式（4-4）计算：

$$X = \frac{\rho \times V}{m \times 1000} \qquad (4-4)$$

式中：

X ——试样中阿斯巴甜或阿力甜的含量；

ρ ——由标准曲线计算出进样液中阿斯巴甜或阿力甜的浓度；

V ——试样的最后定容体积；

m——试样质量;

1 000 由 μg/g 换算成 g/kg 的换算因子。

3. 气相色谱法测定食品中的甜蜜素

（1）原理

食品中的环己基氨基磺酸钠用水提取,在硫酸介质中环己基氨基磺酸钠与亚硝酸反应,生成环己醇亚硝酸异戊酯,利用气相色谱氢火焰离子化检测器进行分离及分析,保留时间定性,外标法定量。

（2）试剂和材料

试剂:①正庚烷[$CH_3(CH_2)_5CH_3$];②氯化钠（NaCl）;③石油醚:沸程为 30 ℃~60 ℃;④氢氧化钠（NaOH）;⑤硫酸（H_2SO_4）;⑥亚铁氰化钾{$K_4[Fe(CN)_6]\cdot3H_2O$};⑦硫酸锌（$ZnSO_4\cdot7H_2O$）;⑧亚硝酸钠（$NaNO_2$）。

试剂配制:①氢氧化钠溶液（40 g/L）:称取 20 g 氢氧化钠,溶于水并稀释至 500 mL,混匀;②硫酸溶液（200 g/L）:量取 54 mL 硫酸小心缓缓加入 400 mL 水中,后加水至 500 mL,混匀;③亚铁氰化钾溶液（150 g/L）:称取 15 g 亚铁氰化钾,溶于水稀释至 100 mL,混匀;④硫酸锌溶液（300 g/L）:称取 30 g 硫酸锌的试剂,溶于水并稀释至 100 mL,混匀;⑤亚硝酸钠溶液（50 g/L）:称取 25 g 亚硝酸钠,溶于水并稀释至 500 mL,混匀。

标准品:环己基氨基磺酸钠标准品（$C_6H_{12}NSO_3Na$）:纯度≥99%。

标准溶液的配制:①环己基氨基磺酸标准储备液（5.00 mg/mL）:精确称取 0.561 2 g 环己基氨基磺酸钠标准品,用水溶解并定容至 100 mL,混匀,此溶液 1.00 mL 相当于环己基氨基磺酸 5.00 mg（环己基氨基磺酸钠与环己基氨基磺酸的换算系数为 0.890 9）。置于 1 ℃~4 ℃冰箱保存,可保存 12 个月。②环己基氨基磺酸标准使用液（1.00 mg/mL）:准确移取 20.0 mL 环己基氨基磺酸标准储备液用水稀释并定容至 100 mL,混匀。置于 1 ℃~4 ℃冰箱保存,可保存 6 个月。

（3）仪器与设备

①气相色谱仪:配有氢火焰离子化检测器（FID）;②涡旋混合器;③离心机:转速,4 000 r/min;④超声波振荡器;⑤样品粉碎机;⑥10 μL 微量注射器;⑦恒温水浴锅;⑧天平:感量 1 mg、0.1 mg。

（4）分析步骤

第一，试样溶液的制备：

①液体试样处理：

a. 普通液体试样摇匀后称取 25.0 g 试样（如需要可过滤），用水定容至 50 mL 备用。

b. 含二氧化碳的试样：称取 25.0 g 试样于烧杯中，60 ℃水浴加热 30 min 以除二氧化碳，放冷，用水定容至 50 mL 备用。

c. 含酒精的试样：称取 25.0 g 试样于烧杯中，用氢氧化钠溶液调至弱碱性 pH=7～8，60 ℃水浴加热 30 min 以除酒精，放冷，用水定容至 50 mL 备用。

②固体、半固体试样处理：

低脂、低蛋白样品（果酱、果冻、水果罐头、果丹类、蜜饯凉果、浓缩果汁、面包、糕点、饼干、复合调味料、带壳熟制坚果和籽类、腌渍的蔬菜等）：称取打碎、混匀的样品 3.00 g～5.00 g 于 50 mL 离心管中，加 30 mL 水，振摇，超声提取 20 min，混匀，离心（3000 r/min）10 min，过滤，用水分次洗涤残渣，收集滤液并定容至 50 mL，混匀备用。

高蛋白样品（酸乳、雪糕、冰激凌等奶制品及豆制品、腐乳等）：棒冰、雪糕、冰激凌等分别放置于 250 mL 烧杯中，待融化后搅匀称取；称取样品 3.00 g～5.00 g 于 50 mL 离心管中，加 30 mL 水，超声提取 20 min，加 2 mL 亚铁氰化钾溶液，混匀，再加入 2 mL 硫酸锌溶液，混匀，离心（3000 r/min）10 min，过滤，用水分次洗涤残渣，收集滤液并定容至 50 mL，混匀备用。

高脂样品（奶油制品、海鱼罐头、熟肉制品等）：称取打碎、混匀的样品 3.00 g～5.00 g 于 50 mL 离心管中，加入 25 mL 石油醚，振摇，超声提取 3 min，再混匀，离心（1000 r/min 以上）10 min，弃石油醚，再用 25 mL 石油醚提取一次，弃石油醚，60 ℃水浴挥发去除石油醚，残渣加 30 mL 水，混匀，超声提取 20 min，加 2 mL 亚铁氰化钾溶液，混匀，再加入 2 mL 硫酸锌溶液，混匀，离心（3000 r/min）10 min，过滤，用水洗涤残渣，收集滤液并定容至 50 mL，混匀备用。

③衍生化：准确移取液体试样溶液，固体、半固体试样溶液 10.0 mL 于 50 mL 带盖离心管中。离心管置试管架上的冰浴中 5 min 后，准确加入 5.00 mL 正庚烷，加入 2.5 mL 亚硝酸钠溶液，2.5 mL 硫酸溶液，盖紧离心管盖，摇匀，在冰浴中放置 30 min，其间振

摇 3 次~5 次；加入 2.5 g 氯化钠，盖上盖后置旋涡混合器上振动 1 min（或振摇 60 次~80 次），低温离心（3 000 r/min）10 min 分层或低温静置 20 min 至澄清分层后取上清液放置 1 ℃~4 ℃冰箱冷藏保存以备进样用。

第二，标准溶液系列的制备及衍生化：

准确移取 1.00 mg/mL 环己基氨基磺酸标准溶液 0.50 mL、1.00 mL、2.50 mL、5.00 mL、10.0 mL、25.0 mL 于 50 mL 容量瓶中，加水定容。配成标准溶液系列浓度为：0.01 mg/mL、0.02 mg/mL、0.05 mg/mL、0.10 mg/mL、0.20 mg/mL、0.50 mg/mL。临用时配制以备衍生化用。

准确移取标准系列溶液 10.0 mL 同上述③的衍生化。

第三，测定：

色谱条件：

①色谱柱：弱极性石英毛细管柱（内涂 5%苯基甲基聚硅氧烷，30 m×0.53 mm×1.0 μm）或等效柱；

②柱温升温程序：初温 55 ℃保持 3 min，10 ℃/min 升温至 90 ℃保持 0.5 min，20 ℃/min 升温至 200 ℃保持 3 min；

③进样口：温度 230 ℃；进样量 1 μL，不分流/分流进样，分流比 1:5（分流比及方式可根据色谱仪器条件调整）；

④检测器：氢火焰离子化检测器（FID），温度 260 ℃；

⑤载气：高纯氮气，流量 12.0 mL/min，尾吹 20 mL/min；

⑥氢气：30 mL/min；

⑦空气：330 mL/min（载气、氢气、空气流量大小可根据仪器条件进行调整）。

色谱分析：分别吸取 1 μL 经衍生化处理的标准系列各浓度溶液上清液，注入气相色谱仪中，可测得不同浓度被测物的响应值和峰面积，以浓度为横坐标，以环己醇亚硝酸异戊酯和环己醇两峰面积之和为纵坐标，绘制标准曲线。

在完全相同的条件下进样 1 μL 经衍生化处理的试样待测液上清液，保留时间定性，测得峰面积，根据标准曲线得到样液中的组分浓度；试样上清液响应值若超出线性范围，应用正庚烷稀释后再进样分析。平行测定次数不少于两次。

（5）分析结果的表述

试样中环己基氨基磺酸含量按式（4-5）计算：

$$X = \frac{c}{m} \times V \qquad\qquad (4\text{-}5)$$

式中：

X——试样中环己基氨基磺酸的含量；

c——由标准曲线计算出定容样液中环己基氨基磺酸的浓度；

m——试样质量；

V——试样的最后定容体积。

二、食品中漂白剂的检测

（一）测定漂白剂含量的意义

食品漂白剂是指能够破坏或者抑制食品色泽形成因素，使其色泽褪去或者避免食品褐变的一类添加剂，具有漂白、增白、防褐变的作用。食品中的漂白剂本身无营养价值，且对人体健康有一定影响，在使用过程中要严格控制其使用量。在低剂量下使用食品漂白剂是安全的，但使用过量会对人们的身体造成不同程度的伤害。

（二）食品中漂白剂的种类

食品漂白剂按其作用机制可分为氧化型漂白剂和还原型漂白剂两类。氧化型漂白剂是通过本身强烈的氧化作用使着色物质被氧化破坏，从而达到漂白目的，如过氧化氢、过硫酸铵、过氧化苯甲酰、二氧化氯等。还原型漂白剂是通过还原作用发挥漂白作用，如亚硫酸钠、亚硫酸氢钠、低亚硫酸钠、无水亚硫酸钾、焦亚硫酸钾等。氧化型漂白剂的作用较强，会破坏食品中的营养成分，残留也较多。还原型漂白剂的作用比较缓和，但是被它漂白的色素一旦再被氧化，可能重新显色，如亚硫酸及其盐类等。

（三）食品中漂白剂的测定方法

还原型漂白剂的检测方法有盐酸副玫瑰苯胺比色法、滴定法、碘量法、极谱法和高效液相色谱法等；氧化型漂白剂的检测方法有滴定法、比色定量法、高效液相色谱法和极谱法等。下面介绍滴定法、钛盐比色法和盐酸副玫瑰苯胺比色法测定食品中的漂白剂。

1. 滴定法测定二氧化硫

（1）原理

在密闭容器中对样品进行酸化并加热蒸馏，蒸出物用乙酸铅溶液吸收。吸收后的溶液用浓盐酸酸化，再用碘标准溶液滴定，根据所消耗的碘标准溶液量计算试样中二氧化硫的含量。

（2）适用范围

适用于果脯、干菜、米粉类、粉条、砂糖、食用菌等食品中总二氧化硫的测定。

（3）试剂

①色谱柱：弱极性石英毛细管柱（内涂5%苯基甲基聚硅氧烷，30 m×0.53 mm×1.0 μm）或等效柱；

②柱温升温程序：初温55 ℃保持3 min，10 ℃/min升温至90 ℃保持0.5 min，20 ℃/min升温至200 ℃保持3 min；

③进样口：温度23 ℃进样量1 μL，不分流/分流进样，分流比1:5（分流比及方式可根据色谱仪器条件调整）；

④检测器：氢火焰离子化检测器（FID），温度260 ℃；

⑤载气：高纯氮气，流量12.0 mL/min，尾吹20 mL/min；

⑥氢气：30 mL/min；

⑦空气：330 mL/min（载气、氢气、空气流量大小可根据仪器条件进行调整）。

（4）仪器

①全玻璃蒸馏器；②碘量瓶；③酸式滴定管；④剪切式粉碎机。

（5）操作方法

①样品处理

固体样品用刀切或剪刀剪成碎末后混匀，称取约5.00 g均匀样品。液体样品可直接吸取 5.0～10.0 mL 样品。

②测定

蒸馏：将称好的样品置入圆底烧瓶中，加入 250 mL 水，装上冷凝装置，冷凝管下端应插入碘量瓶中的 25 mL 乙酸铅（20 g/L）吸收液中，然后在蒸馏瓶中加入 10 mL 盐酸（1+1），立即盖塞加热蒸馏。当蒸馏液约为 200 L 时，使冷凝管下端离开液面，再蒸馏 1 min，用少量蒸馏水冲洗插入乙酸铅溶液中的装置部分。在检测样品的同时要做试剂空白试验。

滴定：在取下的碘量瓶中依次加入 10 mL 浓盐酸、1 mL 淀粉指示液，摇匀之后用 0.01 mol/L 碘标准溶液滴定至变为蓝色且在 30 s 内不褪色为止。

（6）结果计算

样品中二氧化硫的含量按公式（4-6）进行计算。

$$X = \frac{V_1 - V_2 \times 0.01 \times 0.032 \times 1000}{m} \qquad (4-6)$$

式中：

X ——样品中二氧化硫的总含量；

V_1 ——滴定样品所用碘标准溶液的体积；

V_2 ——滴定试剂空白所用碘标准溶液的体积；

m ——样品的质量；

0.01——标准溶液的浓度；

0.032——与 1 L 碘标准溶液相当的二氧化硫的质量。

2.钛盐比色法测定过氧化氢

（1）原理

过氧化氢在酸性溶液中,与钛离子生成稳定的橙色过氧化物——钛络合物,在 430 nm 波长下,吸亮度与样品中过氧化氢的含量成正比,可用钛盐比色法测定样品中过氧化氢的含量。

（2）试剂

①0.100 mol/L 高锰酸钾标准溶液；②2 g/mL 过氧化氢标准使用液；③1 mol/L 盐酸：

量取 90 mL 盐酸，加入 1000 mL 水中；④硫酸（1+4）：量取 10 mL 硫酸，加入 40 mL 水中；⑤钛溶液：称取 1.00 g 二氧化钛、4.00 g 硫酸铵于 250 mL 锥形瓶中，加入 100 mL 浓硫酸，上面放置一个小漏斗，置于可控温电热套中 150 ℃保温 15～16 h，冷却后以 400 mL 水稀释，最后用滤纸过滤，滤液备用。

（3）仪器

①天平：感量为 0.01 g；②高速捣碎机；③分光光度计。

（4）操作方法

①样品处理

固体样品：称取 10 g 样品，以少量水溶解，置于 100 mL 容量瓶中。对蛋白质、脂肪含量较高的样品，可加入乙酸锌溶液 5 mL、亚铁氰化钾溶液 5 mL，用水稀释至刻度，摇匀。浸泡 30 min，用滤纸过滤，滤液作为试样液备用。

液体试样：吸取 25 g 样品于 100 mL 容量瓶中。对蛋白质、脂肪含量较高的样品，可加入乙酸锌溶液 5 mL、亚铁氰化钾溶液 5 mL，用水稀释至刻度，摇匀。用滤纸过滤，淀液作为试样液备用。

若样品有颜色，加入 1 g 活性炭，振摇 1 min，用滤纸过滤，滤液作为试样液备用。

②测定：

吸取 0.00 mL、0.25 mL、0.50 mL、1.00 mL、2.50 mL、5.00 mL、7.50 mL 及 10.00 mL 过氧化氢标准使用液（相当于 0 μg、5 μg、10 μg、20 μg、50 μg、100 μg、150 μg 及 200 μg 过氧化氢），分别置于 25 mL 比色管中。各加入钛溶液 5.0 mL，用水定容至 25 mL。摇匀，放置 10 min。用 5 cm 比色皿，以空白管调节终点，于 430 nm 处测定吸亮度，绘制标准曲线。

试样测定：吸取 10.00 mL 样品处理液于 25 mL 比色管中，按标准曲线绘制实验操作，于 430 nm 处测定吸亮度，同时做试剂空白试验。

如果经活性炭处理后仍有颜色干扰，应扣除试样液的本底色，即用 5.0 mL 稀硫酸代替钛溶液，其他按上述方法操作。

（5）结果计算

样品中过氧化氢的含量按公式（4-7）进行计算。

$$X = \frac{c \times V_1 \times B}{m \times V_2} \tag{4-7}$$

式中：

X ——样品中过氧化氢的含量；

c ——试样测定液中过氧化氢的质量；

V_1 ——试样处理液的体积；

V_2 ——测定用样液的体积；

B ——样品稀释倍数；

m ——样品的质量。

3. 盐酸副玫瑰苯胺比色法测定亚硫酸盐

（1）原理

亚硫酸盐或二氧化硫与四氯汞钠反应生成稳定的配合物，再与甲醛及盐酸恩波副品红反应生成紫红色物质，其色泽深浅与亚硫酸的含量成正比，可比色测定。

（2）试剂

①四氯汞钠吸收液：称取 27.2 g 氯化汞及 11.9 g 氯化钠，溶于水并定容至 1000 mL，放置过夜，过滤后备用；②12 g/L 氨基磺酸胺溶液；③2 g/L 甲醛溶液；④淀粉指示剂：称取 1 g 可溶性淀粉，用少许水调成糊状，缓缓倾入 100 mL 沸水中，随加随搅拌，煮沸，放冷，备用（临用时配制）；⑤亚铁氰化钾溶液；⑥乙酸锌溶液：称取 22 g 乙酸锌溶于少量水中，加入 3 mL 冰醋酸，用水定容至 100 mL；⑦盐酸恩波副品红溶液：称取 0.1 g 盐酸恩波副品红于研钵中，加少量水研磨，使溶解，并定容至 100 mL，取出 20 mL 置于 100 mL 容量瓶中，加 6 mol/L 盐酸，充分摇匀后，使溶液由红变黄，如不变黄再滴加少量盐酸至出现黄色，用水定容至 100 mL 混匀备用（若无盐酸恩波副品红，可用碱性品红代替）；⑧0.1 mol/L 碘溶液；⑨0.1000 mol/L 硫代硫酸钠标准溶液；⑩二氧化硫标准溶液：称取 0.5 g 亚硫酸氢钠，溶于 200 mL 四氯汞钠吸收液中，放置过夜，上清液用定量滤纸过滤备用；⑪二氧化硫标准使用液：取二氧化硫标准液，用四氯汞钠吸收液稀释成 2 mg/mL 二氧化硫溶液，临用时配制；⑫0.5 mol/L 氢氧化钠溶液；⑬0.25 mol/L 硫酸溶液。

（3）仪器

分光亮度计。

（4）操作方法

样品处理：①水溶性固体试样（如白砂糖）：称取 10 g 样品，以少量水溶解，置于 100 mL 容量瓶中，加入 0.5 mol/L 氢氧化钠溶液 4 mL，5 min 后加入 0.25 mol/L 硫酸溶液 4 mL，加入 20 mL 四氯汞钠吸收液，用水稀释至刻度。②其他固体样品（如饼干）：称取 5～10 g 样品，研磨均匀，以少量水湿润，并移入 100 mL 容量瓶中，加入 20 mL 四氯汞钠吸收液，浸泡 4 h 以上。若上层溶液不澄清，可加入亚铁氰化钾及乙酸锌溶液各 2.5 mL，最后用水稀释至刻度。③液体试样：吸取 5—10 mL 样品于 100 mL 容量瓶中，以少量水稀释，加入 20 mL 四氯汞钠吸收液，用水稀释至刻度，混匀，备用。

测定：①吸取 0.00 mL、0.20 mL、0.40 mL、0.60 mL、0.80 mL、1.00 mL、1.50 mL 及 2.00 mL 二氧化硫标准使用液（相当于 0.0 mg、0.4 mg、0.8 mg、1.2 mg、1.6 mg、2.0 mg、3.0 mg 及 4.0 mg 二氧化硫），分别置于 25 mL 比色管中。各加入四氯汞钠吸收液至 10 mL，然后再各加入 1 mL 1.2%氨基磺酸胺溶液、1 mL 0.2%甲醛溶液及 1 mL 盐酸恩波副品红溶液。摇匀，放置 20 min。用 1 cm 比色皿，以不加二氧化硫标准液的比色管溶液作参比，于 550 nm 处测定吸亮度，绘制标准曲线。②试样测定：吸取 0.5～5.0 mL 样品处理液（视含量高低而定）于 25 mL 比色管中，按标准曲线绘制实验操作进行，于 550 nm 处测定吸亮度，由标准曲线查出试液中二氧化硫的含量。

（5）结果计算

样品中二氧化硫的含量按公式（4-8）进行计算。

$$X = \frac{A \times 1000}{m \times \dfrac{V}{100} \times 1000 \times 1000} \qquad (4-8)$$

式中：

X——样品中二氧化硫的总含量；

V——测定用样液的体积；

A——测定用样液中二氧化硫的质量；

m——样品的质量。

（6）说明

①颜色较深样品，需用活性炭脱色。

②样品中加入四氯汞钠吸收液以后，溶液中的二氧化硫含量在 24 h 之内稳定，测定需在 24 h 内进行。（四氯汞钠作为萃取剂，如果用水萃取，易造成二氧化硫的丢失，20 ℃时，1 体积水溶解 40 体积二氧化硫。）

③四氯汞钠毒性甚大，有人研究用 EDTA（乙二胺四乙酸）代替。

④最适宜反应温度为 20 ℃～25 ℃，温度低，灵敏度低，故标准管与样品管需在相同温度下显色。若温度为 15 ℃～16 ℃，放置时间需延长为 25 min。

⑤盐酸恩波副品红中的盐酸用量对显色有影响，加入盐酸量多，显色浅；量少，显色深，所以要按规定进行。

⑥甲醛浓度在 0.15%～0.25%时，颜色稳定，故选择 0.2%甲醛溶液。

⑦盐酸恩波副品红加入盐酸调成黄色，放置过夜后使用，以空白管不显色为宜，否则应重新调节。

第三节　食品中抗氧化剂及防腐剂的检验

一、食品中抗氧化剂的检测

（一）测定抗氧化剂含量的意义

食品在加工、贮藏过程中和空气中的氧发生化学变化会出现褪色、变色，产生异味异臭的现象，在含油脂多的食品中尤其严重。为了阻止或延缓食品氧化变质，提高食品的稳定型和延长贮存期，需要采取物理或者化学方法抑制氧化。物理方法包括避光、降温、干燥、密封、除氧、充氮或真空包装等，化学方法需要添加抗氧化剂。抗氧化剂的添加必须符合相关标准的限量要求，如 GB2760—2014《食品安全国家标准　食品添加剂使用标准》中规定了抗氧化剂的允许使用品种、使用范围以及最大使用量或残留量，过量添加会损害人体健康。因此，食品中抗氧化剂的检测非常重要。

（二）食品中抗氧化剂的种类

目前，对食品抗氧化剂的分类尚没有统一的标准。由于分类依据不同，会产生不同的分类结果。按其溶解性能，抗氧化剂可分为油溶性的和水溶性的两类；按来源可分为天然的和合成的两类。我国允许使用的油溶性抗氧化剂主要有叔丁基羟基茴香醚（BHA）、2，6-二叔丁基对甲酚（BHT）、没食子酸丙酯（PG）、叔丁基对苯二酚（TBHQ）等。

（三）食品中抗氧化剂的测定方法

GB5009.32—2016《食品安全国家标准　食品中 9 种抗氧化剂的测定》中规定了食品中没食子酸丙酯（PG）、2，4，5-三羟基苯丁酮（THBP）、叔丁基对苯二酚（TBHQ）、去甲二氢愈创木酸（NDGA）、叔丁基对羟基茴香醚（BHA）、2，6-二叔丁基-4-羟甲基苯酚（lonox-100）、没食子酸辛酯（OG）、2，6-二叔丁基对甲基苯酚（BHT）、没食子酸十二酯（DG）9 种抗氧化剂的 5 种测定方法——高效液相色谱法、液相色谱-串联质谱法、气相色谱质谱法、气相色谱法以及比色法。《食品中叔丁基羟基茴香醚（BHA）与 2，6-二叔丁基对甲酚（BHT）的测定》（GB/T 5009.30—2003）规定了 BHA 和 BHT 含量的 3 种测定方法：气相色谱法、薄层色谱法和比色法。

下面介绍气相色谱法、液相色谱法、气相色谱质谱法、液相色谱-串联质谱法和比色法测定食品中的抗氧化剂。

1. 气相色谱法测定 BHA 和 BHT

（1）原理

样品中的 BHA 和 BHT 用石油醚提取，通过柱层析净化，用二氯甲烷洗脱，浓缩后，经气相色谱分析，根据样品峰高与标准峰高比较定量。

（2）适用范围

气相色谱法适用于糕点、植物油等食品中 BHA、BHT 含量的测定。

（3）试剂

①石油醚：沸程 30 ℃～60 ℃；②二氯甲烷：分析纯；③二硫化碳：分析纯；④无水硫酸钠：分析纯；⑤硅胶：60～800 于 120 ℃活化 4 h，放干燥器备用；⑥弗罗里硅土：60～80 目，于 120 ℃活化 4 h，放干燥器备用；⑦BHA、BHT 混合标准储备液：准确称取 BHA、BHT 各 0.1000 g，混合后用二硫化碳溶解，定容至 100 mL 每毫升此溶液分别含有 1.0 mg BHA 和 BHT，置于冰箱内保存；⑧BHA、BHT 混合标准使用液：吸取标准储备液 4 mL 于 100 mL 容量瓶中，用二硫化碳定容至 100 mL 每毫升此溶液分别含有 0.040 mg BHA 和 BHT，置于冰箱内保存。

（4）仪器

①气相色谱仪：附 FID 检测器；

②蒸发器：容积 200 mL；

③振荡器；

④层析柱：1 cm×30 cm 玻璃柱，带活塞；

⑤色谱柱：柱长 1.5 m，内径 3 mm，玻璃柱。

（5）操作步骤

第一，试样处理。

①样品的制备：称取 500 g 含油脂较多的试样（含油脂少的试样取 1000 g），用对角线取四分之二或六分之二，或根据试样情况取有代表性试样，在研钵中研碎，混合均匀后放置于广口瓶内，保存于冰箱中。

②脂肪的抽提：含油脂高的试样（如桃酥等）：称取 50 g，混合均匀，置于 250 mL 具塞锥形瓶中，加 50 mL 石油醚，放置过夜，用快速滤纸过滤后，减压回收溶剂，残留脂肪备用。

含油脂中等的试样（如蛋糕、江米条等）：称取 100 g，混合均匀，置于 250 mL 具塞锥形瓶中，加 100～200 mL 石油醚，放置过夜，用快速滤纸过滤后，减压回收溶剂，残留脂肪备用。

含油脂少的试样（如面包、饼干等）：称取 250～300 g，混合均匀，置于 500 mL 具塞锥形瓶中，加适量石油醚浸泡试样，放置过夜，用快速滤纸过滤后，减压回收溶剂，残留脂肪备用。

第二，试样液的制备。

①层析柱的制备：于层析柱底部加入少量玻璃棉、少量无水硫酸钠，将硅胶-弗罗里硅土（6+4）10 g，用石油醚湿法装柱，柱顶部再加入少量无水硫酸钠。

②试样制备：称取上述制备的脂肪 0.5～1.0 g，用 25 mL 石油醚移至制备好的层析柱上，再以 100 mL 二氯甲烷分 5 次淋洗，合并淋洗液，减压浓缩近干时，用二硫化碳定容至 2.0 mL，该溶液为待测溶液。

③植物油试样的制备：称取混合均匀试样 2.0 g，放入 50 mL 烧杯中，加 30 mL 石油醚溶解，转移至制备好的层析柱上，再用 10 mL 石油醚分数次洗涤烧杯，并转移至层析柱，再以 100 mL 二氯甲烷分 5 次淋洗，合并淋洗液，减压浓缩近干时，用二硫化碳定容至 2.0 mL 该溶液为待测溶液。

第三，测定注入气相色谱 3.0 μL 标准使用液，绘制色谱图，分别量取各组分峰高或面积；注入 3.0 μL 试样待测溶液，绘制色谱图，分别量取峰高或面积，与标准峰高或面积比较计算含量。

（6）结果计算

样品中的 BHA 或 BHT 的含量按式（4-9）进行计算。

$$X_i = \frac{h_i \times V_m \times V_s \times c_s \times 1000}{h_s \times V_i \times m \times 1000} \qquad (4\text{-}9)$$

式中：

X_i——样品中 BHA 或 BHT 的含量；

m——油脂的质量；

h_s——标准使用液中 BHA 或 BHT 的峰高或面积；

h_i——注入色谱试样中 BHA 或 BHT 的峰高或面积；

V_m——待测试样定容的体积；

V_i——注入色谱试样溶液的体积；

V_s——注入色谱中标准使用液的体积；

c_s——标准使用液的浓度。

（7）色谱柱参考条件

①温度：柱温 140 ℃，进样口温度 200 ℃，检测器温度 200 ℃。

②载气流量：氮气 70 mL/min；燃气：氢气 50 mL/min；助燃气：空气 500 mL/min。

2. 液相色谱法测定食品中 9 种抗氧化剂

（1）原理

油脂样品经有机溶剂溶解后，使用凝胶渗透色谱（GPC）净化；固体类食品样品用正己烷溶解，用乙腈提取，固相萃取柱净化。高效液相色谱法测定，外标法定量。

（2）试剂和材料

试剂：①甲酸（HCOOH）；②乙腈（CH₃CN）；③甲醇（CH₃OH）；④正己烷（C₆H₁₄）：分析纯，重蒸；⑤乙酸乙酯（CH₃COOCH₂CH₃）；⑥环己烷（C₆H₁₂）；⑦氯化钠（NaCl）：分析纯；⑧无水硫酸钠（NA₂SO₄）：分析纯，650 ℃灼烧 4 h，贮存于干燥器中，冷却后备用。

试剂配制：①乙腈饱和的正己烷溶液：正己烷中加入乙腈至饱和；②正己烷饱和的乙腈溶液：乙腈中加入正己烷至饱和；③乙酸乙酯和环己烷混合溶液（1+1）：取 50 mL 乙酸乙酯和 50 mL 环己烷混匀；④乙腈和甲醇混合溶液（2+1）：取 100 mL 乙腈和 50 mL 甲醇混合；⑤饱和氯化钠溶液：水中加入氯化钠至饱和；⑥甲酸溶液（0.1+99.9）：取 0.1 mL 甲酸移入 100 mL 容量瓶，定容至刻度。

标准品：①叔丁基对羟基茴香醚：纯度≥98%；②2,6-二叔丁基对甲基苯酚：纯度≥98%；③没食子酸辛酯：纯度≥98%；④没食子酸十二酯：纯度≥98%；⑤没食子酸丙酯：纯度≥98%；⑥去甲二氢愈创木酸：纯度≥98%；⑦2,4,5-三羟基苯丁酮：纯度≥98%；⑧叔丁基对苯二酚：纯度≥98%；⑨2,6-二叔丁基-4-羟甲基苯酚：纯度≥98%。

标准溶液配制：①抗氧化剂标准物质混合储备液：准确称取 0.1 g（精确至 0.1 mg）固体抗氧化剂标准物质，用乙腈溶于 100 mL 棕色容量瓶中，定容至刻度，配制成浓度为 1000 mg/L 的标准混合储备液，0 ℃～4 ℃避光保存。②抗氧化剂混合标准使用液：移取适量体积的浓度为 1000 mg/L 的抗氧化剂标准物质混合储备液分别稀释至浓度为 20 mg/L、50 mg/L、100 mg/L，200 mg/L、400 mg/L 的混合标准使用液。

材料：①C$_{18}$固相萃取柱：2000 mg/12 mL；②有机系滤膜：孔径 0.22 μm。

（3）仪器和设备

①C$_{18}$固相萃取柱：2000 mg/12 mL；②有机系滤膜：孔径 0.22 μm。

（4）分析步骤

试样制备：固体或半固体样品粉碎混匀，然后用对角线法取 $\frac{1}{2}$ 或 $\frac{1}{3}$，或根据试样情况取有代表性试样，密封保存；液体样品混合均匀，取有代表性试样，密封保存。

测定步骤：

①提取：a.固体类样品：称取 1 g（精确至 0.01 g）试样于 50 mL 离心管中，加入 5 mL 乙腈饱和的正己烷溶液，涡旋 1 min 充分混匀，浸泡 10 min。加入 5 mL 饱和氯化钠溶液，用 5 mL 正己烷饱和的乙腈溶液涡旋 2 min，3000 r/min 离心 5 min，收集乙腈层于试管中，再重复使用 5 mL 正己烷饱和的乙腈溶液提取 2 次，合并 3 次提取液，加 0.1%甲酸溶液调节 pH=4，待净化。同时做空白试验。b.油类：称取 1 g（精确至 0.01 g）试样于 50 mL

离心管中，加入 5 mL 乙腈饱和的正己烷溶液溶解样品，涡旋 1 min，静置 10 min，用 5 mL 正己烷饱和的乙腈溶液涡旋提取 2 min，3000 r/min 离心 5 min，收集乙腈层于试管中，再重复使用 5 mL 正己烷饱和的乙腈溶液提取 2 次，合并 3 次提取液，待净化。同时做空白试验。

②净化：在 C_{18} 固相萃取柱中装入约 2 g 的无水硫酸钠，用 5 mL 甲醇活化萃取柱，再以 5 mL 乙腈平衡萃取柱，弃去流出液。将上述所有提取液倾入柱中，弃去流出液，再以 5 mL 乙腈和甲醇的混合溶液洗脱，收集所有洗脱液于试管中，40 ℃下旋转蒸发至干，加 2 mL 乙腈定容，过 0.22 μm 有机系滤膜，供液相色谱测定。

③凝胶渗透色谱法（纯油类样品可选）：称取样品 10 g（精确至 0.01 g）于 100 mL 容量瓶中，以乙酸乙酯和环己烷混合溶液定容至刻度，作为母液；取 5 mL 母液于 10 mL 容量瓶中以乙酸乙酯和环己烷混合溶液定容至刻度，待净化。取 10 mL 待测液加入凝胶渗透色谱（GPC）进样管中，使用 GPC 净化，收集流出液，40 ℃下旋转蒸发至干，加 2 mL 乙腈定容，过 0.22 μm 有机系滤膜，供液相色谱测定。同时做空白试验。

液相色谱仪条件：

①色谱柱：C_{18} 柱，柱长 250 mm，内径 4.6 mm，粒径 5 μm，或等效色谱柱；

②流动相 A：0.5％甲酸水溶液，流动相 B：甲醇；

③洗脱梯度：

0～5 min：流动相（A）50％，5 min～15 min：流动相（A）从 50％降至 20％，15 min～20 min：流动相（A）20％，20 min～25 min：流动相（A）从 20％降至 10％，25 min～27 min：流动相（A）从 10％增至 50％，27 min～30 min：流动相（A）50％；

④柱温：35 ℃；

⑤进样量：5 μL；

⑥检测波长：280 nm。

标准曲线的制作：将系列浓度的标准工作液分别注入液相色谱仪中，测定相应的抗氧化剂，以标准工作液的浓度为横坐标，以响应值（如峰面积、峰高、吸收值等）为纵坐标，绘制标准曲线。

试样溶液的测定：将试样溶液注入高效液相色谱仪中，得到相应色谱峰的响应值，根据标准曲线得到待测液中抗氧化剂的浓度。

（5）分析结果的表述

试样中抗氧化剂含量按式（4-10）计算：

$$X_i = \rho_i \times \frac{V}{m} \qquad (4\text{-}10)$$

式中：

X_i——试样中抗氧化剂含量；

ρ_i——从标准曲线上得到的抗氧化剂溶液浓度；

V——样液最终定容体积；

m——称取的试样质量。

3. 气相色谱质谱法测定食品中 9 种抗氧化剂

（1）原理

油脂样品经有机溶剂溶解后，使用凝胶渗透色谱（GPC）净化；固体类食品样品用正己烷溶解，用乙腈提取，固相萃取柱净化。气相色谱-质谱联用仪测定，外标法定量。

（2）试剂和材料

试剂：①甲酸（HCOOH）；②乙腈（CH$_3$CN）；③甲醇（CH$_3$OH）；④正己烷（C$_6$H$_{14}$）：分析纯，重蒸；⑤乙酸乙酯（CH$_3$COOCH$_2$CH$_3$）；⑥环己烷（C$_6$H$_{12}$）；⑦氯化钠（NaCl）：分析纯；⑧无水硫酸钠（Na$_2$SO$_4$）：分析纯，650 ℃灼烧 4 h，贮存于干燥器中，冷却后备用。

试剂配制：①乙腈饱和的正己烷溶液：正己烷中加入乙腈至饱和；②正己烷饱和的乙腈溶液：乙腈中加入正己烷至饱和；③乙酸乙酯和环己烷混合溶液（1+1）：取 50 mL 乙酸乙酯和 50 mL 环己烷混匀；④乙腈和甲醇混合溶液（2+1）：取 100 mL 乙腈和 50 mL 甲醇混合；⑤饱和氯化钠溶液：水中加入氯化钠至饱和；⑥甲酸溶液（0.1+99.9）：取 0.1 mL 甲酸移入 100 mL 容量瓶，定容至刻度。

标准品：①叔丁基对羟基茴香醚：纯度≥98 %；②叔丁基对苯二酚：纯度≥98 %；③2,6-二叔丁基对甲基苯酚：纯度≥98 %；④2,6-二叔丁基-4-羟甲基苯酚：纯度≥98 %。

标准溶液配制：①叔丁基对羟基茴香醚：纯度≥98 %；②叔丁基对苯二酚：纯度≥98 %；③2,6-二叔丁基对甲基苯酚：纯度≥98 %；④2,6-二叔丁基-4-羟甲基苯酚：纯度≥98 %。

材料：①C_{18}固相萃取柱：2000 mg/12 mL；②有机系滤膜：孔径 0.22 μm。

（3）仪器和设备

①离心机：转速≥3 000 r/min；②旋转蒸发仪；③气相色谱质谱联用仪；④凝胶渗透色谱仪；⑤分析天平：感量为 0.01 g 和 0.1 mg；⑥涡旋振荡器。

（4）分析步骤

试样制备：固体或半固体样品粉碎混匀，然后用对角线法取$\frac{1}{2}$或$\frac{1}{3}$，或根据试样情况取有代表性试样，密封保存；液体样品混合均匀，取有代表性试样，密封保存。

测定步骤：

①提取：a.固体类样品：称取 1 g（精确至 0.01 g）试样于 50 mL 离心管中，加入 5 mL 乙腈饱和的正己烷溶液，涡旋 1 min 充分混匀，浸泡 10 min。加入 5 mL 饱和氯化钠溶液，用 5 mL 正己烷饱和的乙腈溶液涡旋 2 min,3000 r/min 离心 5 min，收集乙腈层于试管中，再重复使用 5 mL 正己烷饱和的乙腈溶液提取 2 次，合并 3 次提取液，加 0.1%甲酸溶液调节 pH=4，待净化。同时做空白试验。b.油类：称取 1 g（精确至 0.01 g）试样于 50 mL 离心管中，加入 5 mL 乙腈饱和的正己烷溶液溶解样品，涡旋 1 min，静置 10 min，用 5 mL $\frac{1}{2}$ 正己烷饱和的乙腈溶液涡旋提取 2 min，3000 r/min 离心 5 min，收集乙腈层于试管中，再重复使用 5 mL 正己烷饱和的乙腈溶液提取 2 次，合并 3 次提取液，待净化。同时做空白试验。

②净化：在C_{18}固相萃取柱中装入约 2 g 的无水硫酸钠，用 5 mL 甲醇活化萃取柱，再以 5 mL 乙腈平衡萃取柱，弃去流出液。将上述所有提取液倾入柱中，弃去流出液，再以 5 mL 乙腈和甲醇的混合溶液洗脱，收集所有洗脱液于试管中，40 ℃下旋转蒸发至干，加 2 mL 乙腈定容，过 0.22 μm 有机系滤膜，供液相色谱测定。

③凝胶渗透色谱法（纯油类样品可选）：称取样品 10 g（精确至 0.01 g）于 100 mL 容量瓶中，以乙酸乙酯和环己烷混合溶液定容至刻度，作为母液；取 5 mL 母液于 10 mL 容量瓶中以乙酸乙酯和环己烷混合溶液定容至刻度，待净化。取 10 mL 待测液加入凝胶渗透色谱（GPC）进样管中，使用 GPC 净化，收集流出液，40 ℃下旋转蒸发至干，加 2 mL 乙腈定容，过 0.22 μm 有机系滤膜，供液相色谱测定。同时做空白试验。

气相色谱质谱仪条件：①色谱柱：5%苯基-甲基聚硅氧烷毛细管柱，柱长 30 m，内径 0.25 mm，膜厚 0.25 μm，或等效色谱柱；②色谱柱升温程序：70 ℃保持 1 min，然后以 10 ℃/min 程序升温至 200 ℃保持 4 min，再以 10 ℃/min 升温至 280 ℃保持 4 min；③载气：氢气，纯度≥99.999%，流速 1 mL/min；④进样口温度：230 ℃；⑤进样量：1 μL；⑥进样方式：无分流进样，1 min 后打开阀；⑦电子轰击离子源：70 eV；⑧离子源温度：230 ℃；⑧GC-MS 接口温度：280 ℃；⑩溶剂延迟 8 min；⑪选择离子监测：每种化合物分别选择一个定量离子，2～3 个定性离子。每组所有需要检测离子按照出峰顺序，分时段分别检测。每种化合物的保留时间、定量离子、定性离子、驻留时间见表 4-4。

表 4-4   食品中抗氧化剂的保留时间、定量离子、定性离子及丰度比值和驻留时间

抗氧化剂名称	保留时间 min	定量离子	定性离子 1	定性离子 2	驻留时间 ms
BHA	11.981	165（100）	137（76）	180（50）	20
BHT	12.251	205（100）	145（13）	220（25）	20
TBHQ	12.805	151（100）	123（100）	166（47）	20
lonox-100	15.598	221（100）	131（8）	236（23）	20

定性测定：在相同试验条件下进行样品测定时，如果检出的色谱峰的保留时间与标准样品相一致，并且在扣除背景后的样品质谱图中，所选择的离子均出现，而且所选择的离子丰度比与标准样品的离子丰度比相一致（相对丰度>50%，允许±20%偏差；相对丰度>20%～50%，允许±25%偏差；相对丰度>10%～20%，允许±30%偏差；相对丰度≤10%，允许±50%偏差），则可判断样品中存在这种抗氧化剂。

标准曲线的制作：将标准系列工作液进行气相色谱质谱联用仪测定，以定量离子峰面积对应标准溶液浓度绘制标准曲线。

试样溶液的测定：将试样溶液注入气相色谱质谱联用仪中，得到相应色谱峰响应值，根据标准曲线得到待测液中抗氧化剂的浓度。

（5）分析结果的表述

试样中抗氧化剂含量按式（4-11）计算：

$$X_i = \rho_i \times \frac{V}{m} \qquad (4\text{-}11)$$

式中：

X_i——试样中抗氧化剂含量；

ρ_i——从标准曲线上得到的抗氧化剂溶液浓度；

V——样液最终定容体积；

m——称取的试样质量。

4. 液相色谱-串联质谱法测定食品中 9 种抗氧化剂

（1）原理

油脂样品经有机溶剂溶解后，使用凝胶渗透色谱（GPC）净化；固体类食品样品用正己烷溶解，用乙腈提取，固相萃取柱净化。液相色谱-串联质谱联用仪测定，外标法定量。

（2）试剂和材料

试剂：①甲酸（HCOOH）；②乙腈（CH₃CN）；③甲醇（CH₃OH）：④正己烷（C₆H₁₄）：分析纯，重蒸；⑤乙酸乙酯（CH₃COOCH₂CH₃）：⑥环己烷（C₆H₁₂）；⑦氯化钠（NaCl）：分析纯；⑧无水硫酸钠（NA₂SO₄）：分析纯，650 ℃灼烧 4 h，贮存于干燥器中，冷却后备用。

试剂配制：①乙腈饱和的正己烷溶液：正己烷中加入乙腈至饱和；②正己烷饱和的乙腈溶液：乙腈中加入正己烷至饱和；③乙酸乙酯和环己烷混合溶液（1+1）：取 50 mL乙酸乙酯和 50 mL 环己烷混匀；④乙腈和甲醇混合溶液（2+1）：取 100 mL 乙腈和 50 mL甲醇混合；⑤饱和氯化钠溶液：水中加入氯化钠至饱和；⑥甲酸溶液（0.1+99.9）：取0.1 mL 甲酸移入 100 mL 容量瓶，定容至刻度。

标准品：①没食子酸辛酯：纯度≥98 %；②没食子酸十二酯：纯度≥98 %；③没食子酸丙酯：纯度≥98 %；④去甲二氢愈创木酸：纯度=98 %；⑤2，4，5-三羟基苯丁酮：纯度≥98 %。

标准溶液配制：①标准物质储备液：准确称取 0.1 g（精确至 0.1 mg）固体抗氧化剂标准物质，用乙腈溶于 100 mL 棕色容量瓶中，定容至刻度，配置成浓度为 1000 mg/L

的标准储备液，0 ℃～4 ℃避光保存；②标准物质中间液：移取标准物质储备液 1.0 mL 于 100 mL 容量瓶中，用乙腈定容，配制成浓度为 10 mg/L 的混合标准中间液，0 ℃～4 ℃避光保存；③标准物质使用液：移取适量体积的标准物质中间液分别稀释至浓度为 0.01 mg/L、0.02 mg/L、0.05 mg/L、0.1 mg/L、0.2 mg/L、0.5 mg/L、1 mg/L、2 mg/L 的混合标准使用液。

材料：①C$_{18}$固相萃取柱：2000 mg/12 mL；②有机系滤膜：孔径 0.22 μm。

（3）仪器和设备

①离心机：转速 N3000 r/min；②旋转蒸发仪；③液相色谱-串联质谱仪；④凝胶渗透色谱仪；⑤分析天平：感量为 0.01 g 和 0.1 mg；⑥涡旋振荡器。

（4）分析步骤

试样制备：固体或半固体样品粉碎混匀，然后用对角线法取 $\frac{1}{2}$ 或 $\frac{1}{3}$，或根据试样情况取有代表性试样，密封保存；液体样品混合均匀，取有代表性试样，密封保存。

测定步骤：

①提取：a. 固体类样品：称取 1 g（精确至 0.01 g）试样于 50 mL 离心管中，加入 5 mL 乙腈饱和的正己烷溶液，涡旋 1 min 充分混匀，浸泡 10 min。加入 5 mL 饱和氯化钠溶液，用 5 mL 正己烷饱和的乙腈溶液涡旋 2 min，3000 r/min 离心 5 min，收集乙腈层于试管中，再重复使用 5 mL 正己烷饱和的乙腈溶液提取 2 次，合并 3 次提取液，加 0.1%甲酸溶液调节 pH=4，待净化。同时做空白试验。b. 油类：称取 1 g（精确至 0.01 g）试样于 50 mL 离心管中，加入 5 mL 乙腈饱和的正己烷溶液溶解样品，涡旋 1 min，静置 10 min，用 5 mL 正己烷饱和的乙腈溶液涡旋提取 2 min，3000 r/min 离心 5 min，收集乙腈层于试管中，再重复使用 5 mL 正己烷饱和的乙腈溶液提取 2 次，合并 3 次提取液，待净化。同时做空白试验。

②净化：在 C$_{18}$固相萃取柱中装入约 2 g 的无水硫酸钠，用 5 mL 甲醇活化萃取柱，再以 5 mL 乙腈平衡萃取柱，弃去流出液。将上述所有提取液倾入柱中，弃去流出液，再以 5 mL 乙腈和甲醇的混合溶液洗脱，收集所有洗脱液于试管中，40 ℃下旋转蒸发至干，加 2 mL 乙腈定容，过 0.22 μm 有机系滤膜，供液相色谱测定。

③凝胶渗透色谱法（纯油类样品可选）：称取样品 10 g（精确至 0.01 g）于 100 mL

容量瓶中，以乙酸乙酯和环己烷混合溶液定容至刻度，作为母液；取 5 mL 母液于 10 mL 容量瓶中以乙酸乙酯和环己烷混合溶液定容至刻度，待净化。取 10 mL 待测液加入凝胶渗透色谱（GPC）进样管中，使用 GPC 净化，收集流出液，40 ℃下旋转蒸发至干，加 2 mL 乙腈定容，过 0.22 μm 有机系滤膜，供液相色谱测定。同时做空白试验。

液相色谱-串联质谱仪条件：

①色谱柱：C_{18} 键合硅胶色谱柱，柱长 50 mm，内径 2.0 mm，粒径 1.8 μm 或等效色谱柱；

②流动相 A：水，流动相 B：乙腈；

③流速：0.2 mL/min；

④洗脱梯度：

0～3 min：流动相（B）从 10% 至 30%，3 min～5 min：流动相（B）30%，5 min～10 min：流动相（B）从 30% 至 80%，10 min～12 min：流动相（B）80%，12 min～12.01 min 流动相（B）从 80% 至 10%，12.01 min～14 min：流动相（B）10%；

⑤柱温：35 ℃；

⑥进样量：2 μL；

⑦电离源模式：电喷雾离子化；

⑧喷雾流速：3 L/min；

⑨干燥气流速：15 L/min；

⑩离子喷雾电压：3500 V。

定性测定：在相同试验条件下进行样品测定时，如果检出的色谱峰的保留时间与标准样品相一致，并且在扣除背景后的样品质谱图中，所选择的离子均出现，而且所选择的离子丰度比与标准样品的离子丰度比相一致（相对丰度＞50%，允许±20%偏差；相对丰度＞20%～50%，允许±25%偏差；相对丰度＞10%～20%，允许±30%偏差；相对丰度≤10%，允许±50%偏差），则可判断样品中存在这种抗氧化剂。

标准曲线的制作：将标准系列工作液进行液相色谱-串联质谱仪测定，以定量离子对峰面积对应标准溶液浓度绘制标准曲线。

试样溶液的测定：将试样溶液进行液相色谱-串联质谱仪测定，根据标准曲线得到待测液中抗氧化剂的浓度。

（5）分析结果的表述

试样中抗氧化剂含量按式（4-12）计算：

$$X_i = \rho_i \times \frac{V}{m} \qquad (4-12)$$

式中：

X_i——试样中抗氧化剂含量；

ρ_i——从标准曲线上得到的抗氧化剂溶液浓度；

V——样液最终定容体积；

m——称取的试样质量。

5. 比色法测定食品中 9 种抗氧化剂

（1）原理

试样经石油醚溶解，用乙酸铵水溶液提取后，没食子酸丙酯（PG）与亚铁酒石酸盐起颜色反应，在波长 540 nm 处测定吸亮度，与标准比较定量。

（2）试剂和材料

试剂：①石油醚：沸程 30 ℃～60 ℃；②乙酸铵（CH_3COONH_4）；③硫酸亚铁（$FeSO_4 \cdot 7H_2O$）；④酒石酸钾钠（$NaKC_4H_4O_4 \cdot 4H_2O$）。

试剂配制：①乙酸铵溶液（100 g/L）：称取 10 g 乙酸铵加适量水溶解，转移至 100 mL 容量瓶中，加水定容至刻度；②乙酸铵溶液（16.7 g/L）：称取 16.7 g 乙酸铵加适量水溶解，转移至 1000 mL 容量瓶中，加水定容至刻度；③显色剂：称取 0.1 g 硫酸亚铁和 0.5 g 酒石酸钾钠，加水溶解，稀释至 100 mL，临用前配制。

标准溶液配制：PG 标准溶液，准确称取 0.0100 μgPG 溶于水中，移入 200 mL 容量瓶中，并用水稀释至刻度。此溶液每毫升含 50.0 μgPG。

（3）仪器和设备

①分析天平：感量为 0.01 g 和 0.1 mg；②分光光度计。

（4）分析步骤

试样制备：称取 10.00 g 试样，用 100 mL 石油醚溶解，移入 250 mL 分液漏斗中，加 20 mL 乙酸铵溶液（16.7 g/L），振摇 2 min，静置分层，将水层放入 125 mL 分液漏斗中

（如乳化，连同乳化层一起放下），石油醚层再用 20 mL 乙酸铵溶液（16.7 g/L）重复提取两次，合并水层。石油醚层用水振摇洗涤两次，每次 15 mL，水洗涤并入同一 125 mL 分液漏斗中，振摇静置。将水层通过干燥滤纸滤入 100 mL 容量瓶中，用少量水洗涤滤纸，加水至刻度，摇匀。将此溶液用滤纸过滤，弃去初滤液的 20 mL。收集滤液供比色测定用。同时做空白试验。

测定：移取 20.0 mL 上述处理后的试样提取液于 25 mL 具塞比色管中，加入 1 mL 显色剂，加 4 mL 水，摇匀。

另准确吸取 0 mL、1.0 mL、2.0 mL、4.0 mL、6.0 mL、8.0 mL、10.0 mLPG 标准溶液（相当于 0 μg、50 μg、100 μg、200 μg、300 μg、400 μg、500 μgPG），分别置于 25 mL 带塞比色管中，加入 2.5 mL 乙酸铵溶液（100 g/L），加入水约 23 mL，加入 1 mL 显色剂，再准确加水定容至 25 mL，摇匀。用 1 cm 比色杯，以零管调节零点，在波长 540 nm 处测定吸亮度，绘制标准曲线比较。

（5）分析结果的表述

试样中抗氧化剂的含量按式（4-13）计算：

$$X = \frac{A}{m \times (V_2 / V_1)} \qquad (4\text{-}13)$$

式中：

X ——试样中 PG 的含量；

A ——样液中 PG 的质量；

m ——称取的试样质量；

V_2 ——测定用吸取样液的体积；

V_1 ——提取后样液总体积。

二、食品中防腐剂的检测

（一）测定防腐剂含量的意义

防腐剂是加入食品中能防止或延缓食品腐败的一类食品添加剂，其本质是具有抑制微生物增殖或杀死微生物的一类化合物。一般来说，在正常规定的使用范围内使用食品防腐剂对人体没有毒害或毒性极小，而防腐剂的超标准使用对人体的危害很大。因此，食品防腐剂的定性与定量的检测在食品安全方面是非常重要的。

（二）食品中防腐剂的种类

根据来源，防腐剂可分为天然防腐剂和化学合成防腐剂两大类。天然防腐剂泛指从自然界的动植物和微生物中分离提取的一类防腐物质，主要有尼生素、纳他霉素、甲壳素、乳酸链球菌素等。化学合成防腐剂包括酸型、酯型和无机盐型。最常用的酸型防腐剂有苯甲酸及其盐类、山梨酸及其盐类、丙酸等，最常用的酯型防腐剂有尼泊金酯类防腐剂及抗坏血酸棕榈酸酯防腐剂。无机盐类防腐剂主要有二氧化硫、亚硫酸盐、焦亚硫酸盐。

根据作用效果，防腐剂可分为抑菌剂和杀菌剂。抑菌剂是指仅具有抑制微生物生长繁殖的物质，杀菌剂指能够杀死微生物生长繁殖的物质，抑菌剂和杀菌剂并无明显界限。

根据作用范围，防腐剂可分为食品防腐剂和果蔬保鲜剂。

（三）食品中防腐剂的测定方法

目前，测定防腐剂的方法主要有薄层色谱法、高效液相色谱法、毛细管电泳法、气相气谱法、紫外分光光度法、硫代巴比妥酸分光光度法等，新的食品安全国家标准中主要使用气相色谱法和液相色谱法测定防腐剂。

1. 气相色谱法测定山梨酸和苯甲酸

（1）原理

样品经酸化后，山梨酸、苯甲酸用乙醚提取浓缩后，用附氢火焰离子化检测器的气相色谱仪进行分离测定，与标准系列比较定量，就可以测定它们的含量。

（2）适用范围

气相色谱法适用于酱油、水果汁、果酱中山梨酸、苯甲酸含量的测定。

（3）试剂

①乙醚：不含过氧化物；②石油醚：沸程 30 ℃～60 ℃；③盐酸（1+1）：取 100 mL盐酸，加水稀释至 200 mL；④无水硫酸钠；⑤氯化钠酸性溶液（40 g/L）：于氯化钠溶液（40 g/L）中加少量盐酸（1+1）酸化；⑥山梨酸、苯甲酸标准溶液：准确称取山梨酸、苯甲酸各 0.2000 g，置于 100 mL 容量瓶中，用石油醚-乙醚（3:1）混合溶剂溶解后稀释至刻度。每毫升此溶液相当于 2 mg 山梨酸或苯甲酸；⑦山梨酸、苯甲酸标准使用液：吸取适量的山梨酸、苯甲酸标准溶液，以石油醚-乙醚（3:1）混合溶剂稀释至每毫升相当于 50 g、100 g、150 g、200 g、250 g 山梨酸或苯甲酸。

（4）仪器

气相色谱仪：具氢火焰离子化检测器。

（5）操作方法

第一，样品提取：称取 2.5 g 事先混合均匀的样品，置于 25 mL 带塞量筒中，加 0.5 mL盐酸（1+1）酸化，用 15 mL、10 mL 乙醚提取两次，每次振摇 1 min，将上层醚提取液吸入另一个 25 mL 带塞量筒中，合并乙醚提取液。用 3 mL 氯化钠酸性溶液（40 g/L）洗涤两次，静止 15 min，用滴管将乙醚层通过无水硫酸钠滤入 25 mL 容量瓶中。加乙醚至刻度，混匀。准确吸取 5 mL 乙醚提取液于 5 mL 带塞刻度试管中，置于 40 ℃水浴上挥干，加入 2 mL 石油醚-乙醚（3:1）混合溶剂溶解残渣，备用。

第二，色谱条件：①色谱柱：玻璃柱，内径 3 mm，长 2 m，内装涂以质量分数为 5%的 DECS（二乙二醇乙醚）+1%磷酸固定液的 60～80 目 Chromosorb WAW；②气流速度：载气为氮气，50 mL/min（氮气和空气、氢气之比按各仪器型号不同选择各自的最佳比例条件）；③温度：进样口 230 ℃；检测器 230 ℃；柱温 170 ℃。

第三，测定：进样 2 μL 标准系列中各浓度标准使用液于气相色谱仪中，可测得不同浓度山梨酸、苯甲酸的峰高，以浓度为横坐标、相应的峰高值为纵坐标，绘制标准曲线。

同时进样 2 μL 样品溶液，测得峰高与标准曲线比较定量。

（6）结果计算

试样中山梨酸或苯甲酸的含量按式（4-14）进行计算。

$$X = \frac{A \times 1000}{m \times \dfrac{5}{25} \times \dfrac{V_2}{V_1} \times 1000} \qquad (4\text{-}14)$$

式中：

X ——样品中山梨酸或苯甲酸的含量；

A ——测定用样品液中山梨酸或苯甲酸的含量；

V_1 ——加入石油醚-乙醚（3:1）混合溶剂的体积；

V_2 ——测定时进样的体积；

m ——样品的质量；

5——测定时吸取乙醚提取液的体积；

25——样品乙醚提取液的总体积。

由测得的苯甲酸的量乘以 1.18，即为样品中苯甲酸钠的含量。

2.液相色谱法测定脱氢乙酸

（1）原理

用氢氧化钠溶液提取试样中的脱氢乙酸，经脱脂、去蛋白处理，过膜，用配紫外或二极管阵列检测器的高效液相色谱仪测定，以色谱峰的保留时间定性，外标法定量。

（2）试剂和材料

试剂：①甲醇（CH_4O）：色谱纯；②乙酸铵（$C_2H_6O_2N$）：优级纯；③氢氧化钠（$NaOH$）；④正己烷（C_6H_{14}）；⑤甲酸（CH_2O_2）；⑥硫酸锌（$ZnSO_4 \cdot 7H_2O$）。

试剂配制：①乙酸铵溶液（0.02 mol/L）：称取 1.54 g 乙酸铵，溶于水并稀释至 1 L；②氢氧化钠溶液（20 g/L）：称取 20 g 氢氧化钠，溶于水并稀释至 1 L；③甲酸溶液（10%）：量取 10 mL 甲酸，加水 90 mL，混匀；④硫酸锌溶液（120 g/L）：称取 120 g 硫酸锌，溶于水并稀释至 1 L；⑤甲醇溶液（70%）：量取 70 mL 甲醇，加水 30 mL，混匀。

标准品：脱氢乙酸（Dehydroacetic Acid，$C_8H_8O_4$，CAS：520-45-6）标准品：纯度≥99.5%。

标准溶液的制备：①脱氢乙酸标准贮备液（1.0 mg/mL）：准确称取脱氢乙酸标准品 0.1000 g（精确至 0.0001 g）于 100 mL 容量瓶中，用 10 mL 氢氧化钠溶液溶解，用水定容。4 ℃ 保存，有效期为 3 个月。②脱氢乙酸标准工作液：分别吸取脱氢乙酸贮备液 0.1 mL、1.0 mL、5.0 mL、10 mL、20 mL 于 100 mL 容量瓶中，用水定容。配制成浓度为 1.00 pg/mL、10.0 pg/mL、50.0 μg/mL、100 μg/mL、200 μg/mL 的标准工作液。4 ℃ 保存，有效期为 1 个月。

（3）仪器和设备

①高效液相色谱仪：配有紫外检测器或二极管阵列检测器；②分析天平：感量为 0.1 mg 和 1 mg；③粉碎机；④不锈钢高速均质器；⑤超声波清洗器：功率 35 kW；⑥涡旋混合器；⑦离心机：转速≥4000 r/min；⑧pH 计；⑨C$_{18}$ 固相萃取柱：500 mg，6 mL（使用前用 5 mL 甲醇、10 mL 水活化，使柱子保持湿润状态）。

（4）分析步骤

试样制备与提取：

①果蔬汁、果蔬浆：称取样品 2 g～5 g（精确至 0.001 g），置于 50 mL 离心管中，加入约 10 mL 水，用氢氧化钠溶液调 pH 至 7.5，转移至 50 mL 容量瓶中，加水稀释至刻度，摇匀。置于离心管中，4000 r/min 离心 10 min。取 20 mL 上清液，用 10% 的甲酸溶液调 pH 至 5，定容到 25 mL。取 5 mL 过已活化固相萃取柱，用 5 mL 水淋洗，2 mL 70% 的甲醇溶液洗脱，收集洗脱液 2 mL，涡旋混合，过 0.45 μm 有机滤膜，供高效液相色谱测定。

②酱菜、发酵豆制品：样品用不锈钢高速均质器均质。称取样品 2 g～5 g（精确至 0.001 g），置于 25 mL 离心管中，加入约 10 mL 水、5 mL 硫酸锌溶液，用氢氧化钠溶液调 pH 至 7.5，转移至 25 mL 容量瓶中，加水稀释至刻度，摇匀。置于 25 mL 离心管中，超声提取 10 min，4000 r/min 离心 10 min，取上清液过 0.45 μm 有机滤膜，供高效液相色谱测定。

③面包、糕点、焙烤食品馅料、复合调味料：样品用粉碎机粉碎或不锈钢高速均质器均质。称取样品 2 g～5 g（精确至 0.001 g），置于 25 mL 离心管（如需过固相萃取柱则用 50 mL 离心管）中，加入约 10 mL 水、5 mL 硫酸锌溶液，用氢氧化钠溶液调 pH 至 7.5，转移至 25 mL 容量瓶（如需过固相萃取柱则用 50 mL 容量瓶）中，加水稀释至刻度，摇

匀。置于离心管中，超声提取 10 min，转移到分液漏斗中，加入 10 mL 正己烷，振摇 1 min，静置分层，弃去正己烷层，加入 10 mL 正己烷重复进行一次，取下层水相置于离心管中，4000 r/min 离心 10 min。取上清液过 0.45 μm 有机滤膜，供高效液相色谱测定。若高效液相色谱分离效果不理想，取 20 mL 上清液，用 10%的甲酸调 pH 至 5，定容到 25 mL，取 5 mL 过已活化的固相萃取柱，用 5 mL 水淋洗，2 mL70%的甲醇溶液洗脱，收集洗脱液 2 mL，涡旋混合，过 0.45 μm 有机滤膜，供高效液相色谱测定。

④黄油：称取样品 2 g～5 g（精确至 0.001 g），置于 25 mL 离心管（如需过固相萃取柱则用 50 mL 离心管）中，加入约 10 mL 水、5 mL 硫酸锌溶液，用氢氧化钠溶液调 pH 至 7.5，转移至 25 mL 容量瓶（如需过固相萃取柱则用 50 mL 容量瓶）中，加水稀释至刻度，摇匀。置于离心管中，超声提取 10 min，转移到分液漏斗中，加入 10 mL 正己烷，振摇 1 min，静置分层，弃去正己烷层，加入 10 mL 正己烷重复进行一次，取下层水相置于离心管中，4000 r/min 离心 10 min。取上清液过 0.45 μm 有机滤膜，供高效液相色谱测定。若高效液相色谱分离效果不理想，取 20 mL 上清液，用 10%的甲酸调 pH 至 5，定容到 25 mL，取 5 mL 过已活化的固相萃取柱，用 5 mL 水淋洗，2 mL70%的甲醇溶液洗脱，收集洗脱液 2 mL，涡旋混合，过 0.45 μm 有机滤膜，供高效液相色谱测定。

仪器参考条件：①色谱柱：A 柱，5 μ，250 mm×4.6 mm（内径）或相当者；②流动相：甲醇+0.02 mol/L 乙酸铵（10+90，体积比）；③流速：1.0 mL/min；④柱温：30 ℃；⑤进样量：10 μL；⑥检测波长：293 nm。

定性分析：依据保留时间一致性进行定性识别的方法，根据脱氢乙酸标准样品的保留时间，确定样品中脱氢乙酸的色谱峰。必要时应采用其他方法进一步定性确证。

标准曲线的制作：将脱氢乙酸标准工作液分别注入液相色谱仪中，测定相应的峰面积，以标准工作液的浓度为横坐标，峰面积为纵坐标，绘制标准曲线。

测定：将测定溶液注入液相色谱仪中，测得相应峰面积，根据标准曲线得到测定溶液中脱氢乙酸浓度。

空白试验：除不加试样外，空白试验应与样品测定平行进行，并采用相同的分析步骤分析。

（5）分析结果的表述

试样中脱氢乙酸含量按式（4-15）计算：

$$X = \frac{c_1 - c_0 \times V \times 1000 \times f}{m \times 1000 \times 1000} \tag{4-15}$$

式中：

X——试样中脱氢乙酸的含量；

c_1——试样溶液中脱氢乙酸的质量浓度；

c_0——空白试样溶液中脱氢乙酸的质量浓度；

V——试样溶液总体积；

f——过固相萃取柱换算系数（f=0.5）；

m——称取试样的质量。

第五章　食品加工、储藏过程中有害物质的检验

第一节　食品的生物性污染及检验

一、生物性污染对食品安全的影响

随着经济的快速发展，食品工业已成为我国国民经济中的第一大产业。食品在正常的保存条件和合理的使用方法下是不会对人体产生危害的。但是，如果食品遭受污染，会对人体健康产生危害，引起食品安全事件。食品中的有害因素大多数并非食品正常成分，而是通过一定途径进入食品，成为食品污染。主要分为生物性污染和化学性污染，统计显示，在所有的食源性疾病暴发案例中，生物性污染在影响食品安全的诸多因素中高居首位。其中有60%以上为细菌性致病菌所致的食源性疾病。食品的加工、储存、运输和销售过程中，原料受到环境污染、杀菌不彻底、贮运方法不当以及不注意卫生操作等，是造成食品污染的主要原因。食品的生物性污染主要包括细菌、病毒、真菌和真菌毒素、水产品中生物毒素、寄生虫和其他虫害，它们通过各种途径污染食品，在食品中生存并增殖，引起食品腐败变质。

食品污染引发的疾病对人类健康构成一定威胁。了解并掌握食品生物性污染来源并对如何预防、控制食品生物性污染提前做好准备工作，尽可能减少或消除生物性污染对食品带来的危害，可有效降低食品安全事件，保障人们的身心健康。这不仅是食品安全工作中有效保障国民经济发展的重要内容，也是人们密切关注食品安全的客观要求，以及社会健康发展的有效举措。

（一）细菌污染

细菌是具有细胞壁的单细胞原核微生物，按形态可分为杆菌、球菌和螺形菌，是食品污染最常见的有害因素之一。食品细菌污染是衡量食品污染程度、估测食品变质可能性及评价食品卫生质量的重要指标。

食品被致病菌污染后，在适宜温度、水分和营养条件下，大量繁殖分泌毒素，食用前不经加热处理会引起食物中毒。细菌性食物中毒主要是动物性食品，如肉、蛋、鱼等。引起食物中毒的细菌主要有沙门氏菌、葡萄球菌肠毒素、副溶血性弧菌、肉毒梭菌毒素、大肠杆菌、李斯特菌等。食用未经加热处理的细菌污染食物尤其是动物性食物，容易引起腹泻、呕吐、发热等症状。

沙门氏菌污染食品导致的食品安全事件遍及全球，沙门氏菌是各国公认的食源性疾病首要病原菌。俄罗斯中部城市彼尔姆发生过 150 名中学生食物中毒事件，学校食堂的肉饼、鸡蛋饼等食物受到了沙门氏菌的污染。发生沙门氏菌食品中毒多是由食品原材料污染和加热杀菌不彻底等引起，为避免沙门氏菌中毒，充分加热是必须的处理方式。

预防措施：充分加热杀灭病原微生物是预防细菌污染引起食物中毒的重要措施，实验证明副溶血性弧菌 90 ℃加热 1 min、沙门氏菌 100 ℃加热 1 min、金黄色葡萄球菌加热 80 ℃30 min、单增李斯特菌经 58 ℃～59 ℃10 min 可以杀死。企业在生产环节要严格控制灭菌工艺条件，成品库的环境卫生良好、温度适宜，流通环节低温，加工过程生熟分开以及操作人员的卫生要求都是预防食品细菌性污染的有效措施。

（二）病毒性污染

病毒是以纳米为测量单位、结构简单、寄生性严格，以复制进行繁殖的一类非细胞型微生物，由蛋白质和核酸组成。常见的污染食品与危害健康的病毒和亚病毒主要有甲型肝炎病毒、口蹄疫病毒、狂犬病毒、流感病毒等，病毒性污染一般会引起人畜共患病。病毒存在于被污染的食物中，人体细胞是最易感染的宿主细胞，目前免疫是对付病毒最好的方法。

预防病毒感染、注意卫生是防范病毒的最好方式。学校、企业等集中就餐、配餐的单位，要从食材、环境、用具、人员等方面开展清洁和消毒工作，及时处理病人餐用具等；注意清洁水源，防止水污染或病毒通过水污染食品。对甲肝、乙肝等世界性的疾病做好疫苗注射工作。

（三）真菌和真菌毒素污染

真菌是微生物中的高级生物，如乳酸菌、霉菌、食用菌等。大多数真菌对人类无危害且被人类应用到食品中，但少数霉菌如黄曲霉、寄生曲霉及其产生的黄曲霉毒素对人类健康有较大威胁。大型真菌中的毒蘑菇也含有毒素，我国有毒蘑菇 100 多种，误食会导致人体中毒。

1.黄曲霉毒素

黄曲霉毒素是黄曲霉菌、寄生曲霉菌产生的代谢物，剧毒，同时还有致癌、致畸、致突变的作用，主要引起肝癌。黄曲霉素是目前发现的化学致癌物中最强的物质之一，主要存在于因贮藏不当而被污染过的粮食、油及其制品中。例如黄曲霉污染的花生、花生油、玉米、大米、棉籽中最为常见，在干果类食品如胡桃、杏仁、榛子、干辣椒中，在动物性食品如肝、咸鱼中以及在奶和奶制品中也曾发现过黄曲霉毒素。黄曲霉毒素主要有 B_1、B_2、G_1、G_2，其中 B_1 的毒性最强，产毒量最大。

而黄曲霉毒素对热不敏感，在 100 ℃20 h 下黄曲霉毒素都不会被破坏，巴氏消毒也不能去除毒素的污染，所以对付黄曲霉毒素污染的最佳办法是预防。为了防止产生黄曲霉毒素，最好将食品和饲料贮藏在干燥密闭的地方，在贮藏过程中有效的控制措施为防潮，始终保持水分活度低于 0.70，坚持防霉和去霉措施，就可以控制黄曲霉毒素的污染。

霉菌和霉菌毒素污染食品后，引起的危害主要有两个方面，即霉菌引起的食品变质和霉菌产生的毒素引起的食物中毒。霉菌污染食品可使食品的食用价值降低，甚至完全不能食用，造成巨大的经济损失。

2.毒蘑菇中毒

据悉，我国已鉴定的蘑菇种类中，可食用的近 300 种，有毒的有 100 多种，其中含有剧毒能毒死人的近 10 种。而且毒蘑菇的有毒成分非常复杂，一种毒蘑菇可能含有几种毒素，而一种毒素又可能存在于多种毒蘑菇中。

预防措施：在预防黄曲霉毒素方面要做到：①企业把好原料验收关，原料及成品都应干燥、低温储存；②提高企业责任心，不销售用腐烂变质原料加工的食品；③在食用食用菌方面，购买常见的食用菌，避免采购和食用野生蘑菇。水产中的生物毒素现已知1 000 多种海洋生物有毒或分泌毒液。全世界每年由毒鱼、毒贝类引起的食物中毒事件超 2 万起，死亡率 1%。我国有毒鱼贝类 170 余种，河豚引起的食物中毒是我国沿海江浙一带常见的食物中毒。

（四）寄生虫与害虫污染

寄生虫污染主要指寄生虫病的原体，这种原体也可能引起人类患病，包括吸虫、绦虫、弓形虫、旋毛虫等，这类污染对消费者的危害主要是因烹调食用不当，可能使人感染人畜共患寄生虫病。如片形吸虫可致人食欲减退、消瘦；弓形虫可引发弓形虫病。主要来源于食品生产企业及仓储、经营场所中的蝇虫，是引起食物中毒的主要媒介，应采取严密的防范和杀灭措施。昆虫污染指的是一些细小昆虫如酪蝇、蝇蛆等寄生在肉类、蛋类等动物性食品中，引起食品污染和霉变，可携带多种病原体污染食品。

预防措施：切断污染源，安装防疫、灭虫等设施；消灭中间宿主；加强卫生监督检验；原料储存干燥、通风，经寄生虫检验；改进加工方法和不卫生习惯，注意操作人员个人卫生，加工熟透；改变不良饮食习惯；保持环境卫生。

生物性污染对食品安全影响较大，但并不是不可控制的，只要采取一定措施，及时监测，及时控制，定能防患于未然。食品生产各个环节都存在不安全因素，现阶段，需要我们从原料选控、生产加工过程质量把关、物流运输环节、食品食用方法、操作人员个人卫生等方面建立完整的食品安全产业链，严格控制食品生物性污染；同时加强政府机关监管力度，严查各类食品加工欺诈行为；加大对食品企业负责人的诚信意识培养，提高企业核心价值观，使企业以高度责任感生产良心食品；同时，消费者自身加强食品安全意识，采用正确的食品使用方法。

二、食品的生物性检验

（一）细菌及其毒素的检验

细菌性微生物是人类食物链中最常见的病原，主要有大肠埃希菌、沙门氏菌、结核菌、炭疽菌、肉毒梭菌、李斯特菌、葡萄球菌等。

食品细菌即常在食品中存在的细菌，包括致病菌、条件致病菌和非致病菌。自然界的细菌种类繁多，但由于食品理化性质、所处环境条件及加工处理等因素的限制，在食品中存在的细菌只是自然界细菌的一小部分。非致病菌一般不引起人类疾病，但其中一部分为腐败菌，与食品腐败变质有密切关系，是评价食品卫生质量的重要指标。

污染食品的细菌分类：根据繁殖所需要的温度可分为嗜冷菌、嗜温菌和嗜热菌 3 类。

嗜冷菌：生长在 0 ℃或 0 ℃以下环境中，海水及冰水中常见，是导致鱼类腐败的主要微生物。

嗜温菌：生长在 15℃～45 ℃环境中（最适温度为 37 ℃），大多数腐败菌和致病菌属于此类。

嗜热菌：生长在 45℃～75 ℃环境中，是导致罐头食品腐败的主要因素。

细菌污染主要来源：环境污染；未腐熟的农家肥和生活污水灌溉。

新鲜蔬菜体表的微生物除了植株正常的寄生菌外，主要是环境污染的结果，其中土壤是重要的污染来源。例如马铃薯每克需氧菌可达 $2.8×10^7$ 个，而甘蓝不与土壤直接接触，尽管表面积很大，但平均菌数仅为 $4.2×10^4$ 个。一般情况下其数量大小并不表示卫生状态的好坏。但是当蔬菜水果的组织破损时，细菌会乘虚而入并大量繁殖，加速其腐败变质。有些细菌和霉菌可以侵入植物的正常组织而引起腐败变质。

金黄色葡萄球菌——根据《伯杰氏鉴定细菌学手册》，按葡萄球菌的生理化学组成，可以将葡萄球菌分为金黄色葡萄球菌、表皮葡萄球菌和腐生葡萄球菌，其中金黄色葡萄球菌多为致病性菌，表皮葡萄球菌偶尔致病。金黄色葡萄球菌是人类化脓性感染中最常见的病原菌。球菌直径为 0.8～1.0 um。排列成葡萄串状，无芽孢，无荚膜。细胞单个、成对和多于一个平面分裂成不规则的堆团。有些菌株具有荚膜或黏层。菌落光滑、低凸、闪光、奶油状，并且有完整的边缘。革兰阳性菌具有高度耐盐性，最适生长温度35℃～

40 ℃，最适生长 pH7.0～7.4。

1. 生物分类学

域：细菌域；

门：厚壁菌门；

纲：芽孢杆菌纲；

目：芽孢杆菌目；

科：葡萄球菌科；

属：葡萄球菌属；

种：金黄色葡萄球菌。

2. 生化特性

可分解葡萄糖、麦芽糖、乳糖、蔗糖，产酸不产气。甲基红反应阳性，VP 反应弱阳性。金黄色葡萄球菌在厌氧条件下分解甘露醇产酸，非致病性菌则无此现象。

许多菌株可分解精氨酸，水解尿素，还原硝酸盐，液化明胶。

金黄色葡萄球菌具有较强的抵抗力，对磺胺类药物敏感性低，但对青霉素、红霉素等高度敏感。

3. 金黄色葡萄球菌的致病性

金黄色葡萄球菌是人类化脓感染中最常见的病原菌，可引起局部化脓感染，也可引起肺炎、伪膜性肠炎、心包炎等，甚至引起败血症、脓毒症等全身感染。

当金黄色葡萄球菌污染了含淀粉及水分较多的食品，如牛奶和奶制品、肉、蛋等，在温度条件适宜时，经 8～10 h 即可产生相当数量的肠毒素。肠毒素可耐受 100 ℃煮沸 30 min 而不被破坏，它引起的食物中毒症状是呕吐和腹泻。金黄色葡萄球菌肠毒素是个世界性卫生问题，在美国由金黄色葡萄球菌肠毒素引起的食物中毒占整个细菌性食物中毒的 33%，加拿大则更多，占 45%，我国每年发生的此类中毒事件也非常多。肠毒素形成条件：①存放温度。在 37 ℃内，温度越高，产毒时间越短。②存放地点。通风不良、氧分压低时易形成肠毒素。③食物种类。含蛋白质丰富，水分多，同时含一定量淀粉的食物，肠毒素易生成。因此，食品中金黄色葡萄球菌的检验尤为重要。

4. 食品中金黄色葡萄球菌的检验

（1）快速测试片法

快速测试片法是把附着特定显色液和相关培养基的纸片、纸膜或胶片作为微生物的培养载体，依据微生物在上面的生长、显色来判断食品中微生物的存在情况。

（2）免疫学方法

免疫学方法主要包括免疫荧光技术（IFT）、免疫磁珠分离技术、酶联免疫吸附技术（ELISA）等。各类免疫学检测方法的基本原理为抗原与相对应的抗体之间发生特异性结合反应。免疫荧光技术主要是利用荧光色素标记某些特异性抗体（抗原），在特定条件与样品中目标微生物的抗原（抗体）发生特异性结合反应，利用荧光显微镜，观察和鉴别样品中是否含有荧光标记的目标微生物的抗原抗体复合物；免疫磁珠分离技术是利用特异性抗体对磁珠进行修饰，磁珠上的抗体可与样品中的目标微生物抗原发生特异性结合反应，形成抗原抗体复合物，在磁场力的作用下，载有目标微生物的磁珠发生聚集，从而达到从样品环境中分离目标微生物的目的；酶联免疫吸附技术是目前金黄色葡萄球菌快速检测应用最广的方法之一，包括直接法、间接法和夹心法等。其基本原理是将酶与特定的抗体（抗原）进行交联，酶标记的抗体（抗原）与样品中目标微生物的抗原（抗体）发生特异性结合反应，加入酶底物后，底物被酶催化生成呈色产物，最后利用酶标仪对目标微生物进行定性或定量分析。

（3）分子生物学方法

金黄色葡萄球菌的致病力主要来源于其产生的酶和毒素，包括肠毒素、血浆凝固酶、溶血素等。每种微生物都有其独特的基因序列，找到目标微生物特定的基因序列，通过聚合酶链式反应（PCR）、基因芯片等分子生物学技术即可对食品中的目标微生物进行快速检测。

PCR是一种在体外对特定DNA片段进行扩增的技术，通过对扩增产物的序列和含量进行检测，可以定性和定量检测和分析目标微生物。PCR反应由变性—退火—延伸三个步骤循环组成，根据碱基配对和半保留复制原则，利用DNA聚合酶，扩增目标微生物特定DNA。PCR技术的优点在于样品用量小、检测速度快、灵敏度高、特异性强等。金黄色葡萄球菌常用检测方法包括定性PCR和荧光定量PCR。实时荧光定量PCR是在PCR方法的基础上，通过加入荧光染料，达到对目标微生物进行定量分析的目的。与普通PCR

技术相比，其保留了 PCR 全部优点，同时实现了对目标微生物的定量分析。伴随着分子生物学的发展，越来越多的微生物基因序列被研究者测定，基因芯片技术逐渐成熟。基因芯片又称 DNA 芯片，其基本原理为把已知阵列的核苷酸探针序列固定在硅片等载体上，与标记荧光染料的待测样品进行杂交反应，最后使用荧光检测系统扫描芯片，通过检测杂交信号强弱达到定性和定量检测目标微生物的目的。基因芯片的优点在于高灵敏度、高特异性，高通量、高检测速度。

5.其他常见致病性微生物

除金黄色葡萄球菌以外，其他常见致病性微生物还有肠杆菌科的大肠埃希菌、沙门氏菌属和志贺氏菌属、耶尔森氏菌属、致病性弧菌中的副溶血性弧菌和霍乱弧菌、弯曲菌和革兰阳性杆菌中的单核细胞增生李斯特氏菌、蜡样芽孢杆菌、肉毒梭菌等致病菌。

（二）霉菌及其毒素的检验

1.霉菌概述

霉菌并不是生物学分类的名称，而只是一部分真菌的俗称，通常指菌丝体比较发达而又没有子实体的小型真菌。真菌是指有细胞壁，不含叶绿素，无根、茎、叶，以寄生或腐生方式生存，能进行有性或无性繁殖的一类生物，霉菌是其中一部分真菌，是一些丝状真菌的通称，在自然界分布很广，几乎无处不有，主要分布在不通风、阴暗、潮湿和温度较高的环境中。

2.霉菌的生物学特性

各种真菌最适宜的生长温度为 25℃～30℃，在 0℃ 以下或 30℃ 以上时不能产生毒素或产毒力减弱，但梨孢镰刀菌、拟枝孢镰刀菌和雪腐镰刀菌的最适产毒温度为 0℃ 或 -7℃～-2℃，而毛霉、根霉、黑曲霉、烟曲霉繁殖的适宜温度为 25℃～40℃。大部分真菌繁殖需要有氧气。而毛霉和酵母往往可耐受高浓度的二氧化碳而厌氧。另外水分、外界的温度对真菌的产毒也很重要，以最易受真菌污染的粮食为例，粮食水分达 17%～18%时是真菌繁殖产毒的最适宜条件。

霉菌可非常容易地生长在各种食品上，造成不同程度的食品污染。一般认为大米、面粉、花生和发酵食品中，主要以曲霉、青霉菌属为主。在个别地区以镰刀菌为主，玉米和花生中黄曲霉及其毒素检出率高。小麦和玉米以镰刀菌及其毒素为主，青霉及其毒素主要在大米中出现。霉菌污染食品后，一方面可引起粮食作物的病害和食品的腐败变质，使食品失去原有的色、香、味、形，降低甚至完全丧失其食用价值；另一方面，有些霉菌可产生危害性极强的霉菌毒素，对食品的安全性构成极大的威胁。霉菌毒素还有较强的耐热性，不能被一般的烹调加热方法所破坏，当人体摄入的毒素量达到一定程度后，可引起食物中毒。

3. 致病性

据统计，目前已发现的霉菌毒素有 200 多种，其中与食品卫生关系密切的霉菌大部分属于半知菌纲，如曲霉菌属、青霉菌属、镰刀霉菌属和交链孢霉属中的一些霉菌。已有 14 种真菌毒素被认为是有致癌性的，其中毒性最强者有黄曲霉毒素和环氯素，其次为雪腐镰刀菌烯醇、T-2 毒素、赭曲霉毒素、黄绿青霉素、红色青霉毒素及青霉酸等。真菌毒素按其作用的器官部位不同，大致可分为肝脏毒、肾脏毒、神经毒、造血组织毒和光过敏性皮炎毒等几类。

霉菌产毒只限于产毒霉菌，而产毒霉菌中也只有一部分毒株产毒。目前已知具有产毒株的霉菌主要有：

曲霉菌属：黄曲霉、赭曲霉、杂色曲霉、烟曲霉、构巢曲霉和寄生曲霉等。

青霉菌属：岛青霉、黄绿青霉、扩张青霉、圆弧青霉、皱折青霉和荨麻青霉等。

镰刀菌属：犁孢镰刀菌、拟枝孢镰刀菌、三线镰刀菌、雪腐镰刀菌、粉红镰刀菌、禾谷镰刀菌等。

其他菌属中还有绿色木霉、漆斑菌属、黑色葡萄状穗霉等。

产毒霉菌所产生的霉菌毒素没有严格的专一性，即一种霉菌或毒株可产生几种不同的毒素，而一种毒素也可由几种霉菌产生。如黄曲霉毒素可由黄曲霉、寄生曲霉产生；荨麻青霉和棒形青霉等都能产生展青霉毒素；而岛青霉可产生黄天精、红天精、岛青霉毒素及环氯素等。霉菌毒素对食品的污染已经受到世界各国的普遍关注。

4. 食品中霉菌检测的重要性

食品中的霉菌污染是一个公共卫生问题，对人的身体健康有着潜在的危害。霉菌不仅可能导致食品腐败变质，还会产生多种毒素，如黄曲霉素和赭曲霉素等，这些毒素对人体肝脏、肾脏和神经系统等造成损害，甚至可能诱发癌症。因此，及时准确地检测食品中的霉菌污染对保障食品安全至关重要。

5.常用的霉菌检测方法

（1）细菌计数法：细菌计数法是一种常用的传统霉菌检测方法，它通过将食品样品在适当的培养基上培养，然后通过观察和计数菌落形成单位（CFU）来确定食品中细菌的含量。这种方法简单易行，可以得出定量结果，但需要较长的培养时间，通常需要24～48小时才能获得结果。

（2）PCR法：PCR法是一种基于核酸扩增技术的霉菌检测方法，它能够快速准确地检测食品中的霉菌污染。该方法使用特定的引物和酶扩增食品样品中霉菌的特定基因序列，然后通过荧光信号的检测确定是否存在霉菌。PCR法具有高灵敏度和高特异性，且检测时间短，只需数小时。

（3）快速测试法：快速测试法是近年来发展的一种新型霉菌检测方法，它利用生物传感技术和免疫分析技术对食品中的霉菌进行快速检测。常见的快速测试方法有免疫层析法、生物芯片技术和蛋白质酶技术等。这些方法具有操作简便、检测时间短、灵敏度高等优点，但需要特殊设备和试剂的支持。

第二节　食品的化学性污染及检验

一、食品的化学性污染分类

食品化学性污染有：

①食物农药、兽药、鱼药残留。

②有害金属（汞、铅、镉等）污染。

③食品加工不当产生的有毒化学物质，如多环芳烃类、N-亚硝基化合物等。

④滥用食品添加剂、生长促进剂和违法使用有毒化学物质（如苏丹红、孔雀石绿）等造成的食品污染。

⑤放射性核素污染。

食品的化学性污染主要来自环境污染。近年来，由于工业三废治理滞后于工业发展，环境污染问题突出，加上新技术、新材料、新原料的应用使食品的化学污染呈现出多样化和复杂化，如违规使用呋喃丹、甲胺磷、酰胺磷、氧化乐果、敌敌畏等剧毒农药，超量使用食品添加剂和防腐剂都会使食品中的有害化学物质残留。水体污染、土壤污染、大气污染导致汞、铅、铬等重金属、有毒气体等有害化学物质沉积或附着在食品中。食品的包装物如金属包装物、塑料包装物及其他包装物都可能含有有害的化学成分污染食品。食品化学性污染不容忽视。

本节以农药残留的化学性污染为例进一步说明。

二、农药残留的检验

(一) 农药残留概述

农药自诞生以来,逐渐成为重要的农业生产资料,对于防治病虫害、去除杂草、调节农作物生长具有重要作用。随着我国人民生活水平的不断提高,农产品的质量安全问题越来越受到关注,尤其是蔬菜中的农药残留问题已经成为公众关心的焦点,全国每年都有多起因食用被农药污染的农产品而引起的急性中毒事件,严重影响广大消费者的身体健康。目前,农药残留和污染已经成为影响农业可持续发展的重要问题之一,控制农药残留、保护生态环境已成为环境保护的重要内容。因此,完善农药残留的检测手段和防控农药残留危害的工作刻不容缓。

1. 农药与农药残留

农药根据不同的分类方法可分为不同类别:按用途可分为杀虫剂、杀菌剂、除草剂、杀螨剂、植物生长调节剂、昆虫不育剂和杀鼠药等;按来源可分为化学农药、植物农药、微生物农药;按化学组成和结构可分为无机农药和有机农药(包括元素有机化合物,如有机磷、有机砷、有机氯、有机硅、有机氟等;还有金属有机化合物,如有机汞、有机锡等);按药剂的作用方式可分为触杀剂、胃毒剂、熏蒸剂、内吸剂、引诱剂、驱避剂、拒食剂、不育剂等;按其毒性可分为高毒、中毒、低毒3类;按杀虫效率可分为高效、中效、低效3类;按农药在植物体内残留时间的长短可分为高残留、中残留和低残留3类。

农药残留,是指施用农药以后在生物体、食品(农副产品)内部或表面残存的农药,包括农药本身,农药的代谢物、降解物,以及有毒杂质等。人吃了有残留农药的食品后而引起的毒性作用,叫作农药残留毒性。残存数量称为残留量,表示单位为 mg/kg(食品或食品农作物)。当农药过量或长期施用,导致食物中农药残存数量超过最高残留限量(MRL)时,将对人和动物产生不良影响,或通过食物链对生态系统中的其他生物造成毒害。所谓农药残留的最高残留限量标准(MRL)是根据对农药的毒性进行危险性评估,得到最大无毒作用剂量,再乘以100的安全系数,得出每日允许摄入量(ADI),最后再按各类食品消费量的多少分配。随着农药相关法律的建设和人们对食品安全要求的不断提高，我国的农药残留问题在近年来得到了很大的改善。

农药的毒性作用具有两面性：一方面，可以有效控制或消灭农业、林业的病、虫及杂草的危害，提高农产品的产量和质量；另一方面，使用农药也带来了环境污染，危害有益昆虫和鸟类，导致生态平衡失调。同时也造成了食品农药残留，对人类健康产生危害。因此，应该正确看待农药使用带来的利与弊，更好地了解农药残留的发生规律及其对人体的危害，控制农药对食品及环境的污染，对保护人类健康十分重要。

我国是世界上农药生产和消费大国，近年生产的高毒杀虫剂主要有甲胺磷、甲基对硫磷氧乐果、久效磷、对硫磷、甲拌磷等，因而，这些农药目前在农作物中残留最严重。

2. 农药污染食品的途径及食品中农药残留的主要来源

农药除了可造成人体的急性中毒外，绝大多数会对人体产生慢性危害，并且都是通过污染食品的形式造成。几种常用的、容易对食品造成污染的农药品种有有机氯农药、有机磷农药、有机汞农药、氨基甲酸酯类农药等。

农药污染食品的途径及农药残留的来源主要有以下几种：

（1）为防治农作物病虫害使用农药喷洒作物而直接污染食用作物

给农作物直接施用农药制剂后，渗透性农药主要黏附在蔬菜、水果等作物表面，因此作物外表的农药浓度高于内部；内吸性农药可进入作物体内，使作物内部农药残留量高于作物体外。另外，作物中农药残留量大小也与施药次数、施药浓度、施药时间、施药方法以及植物的种类等有关。一般施药次数越多、间隔时间越短、施药浓度越大，作物中的药物残留量越大。

（2）植物根部吸收

最容易从土壤中吸收农药的是胡萝卜、草莓、菠菜、萝卜、马铃薯、甘薯等，番茄、茄子、辣椒、卷心菜、白菜等的吸收能力较小。熏蒸剂的使用也可导致粮食、水果、蔬菜中的农药残留。

（3）空中随雨水降落

农作物施用农药时，农药可残留在土壤中，有些性质稳定的农药，在土壤中可残留数十年。农药的微粒还可随空气飘移至很远的地方，污染食品和水源。这些环境中残存的农药又会被作物吸收、富集，而造成食品间接污染。在间接污染中，一般通过大气和饮水进入人体的农药仅占10%左右，通过食物进入人体的农药可达到90%左右。种茶区在禁用滴滴涕（DDT）和六六六（BHC）多年后，在采收后的茶叶中仍可检出较高含量的滴滴涕及其分解产物和六六六。茶园中六六六的污染主要来自污染的空气及土壤中的残留农药。此外，水生植物体内农药的残留量往往比生长环境中的农药含量高出若干倍。

（4）食物链和生物富集作用

农药残留被一些生物摄取或通过其他的方式吸入后累积于体内，造成农药的高浓度贮存，再通过食物链转移至另一生物，经过食物链的逐级富集后，若食用该类生物性食品，可使进入人体的农药残留量成千倍甚至上万倍地增加，从而严重影响人体健康。一般在肉、乳品中含有的残留农药主要是禽畜摄入被农药污染的饲料，造成体内蓄积，尤其在动物的脂肪、肝、肾等组织中残留量较高。动物体内的农药有些可随乳汁进入人体，有些则可转移至蛋中，产生富集作用。鱼虾等水生动物摄入水中污染的农药后，通过生物富集和食物链可使体内农药的残留浓集至数百至数万倍。

（5）运输贮存中混放

运输及贮存中由于和农药混放，可造成食品污染。尤其是运输过程中包装不严或农药容器破损，会导致运输工具污染，这些被农药污染的运输工具，往往未经彻底清洗，又被用于装运粮食或其他食品，从而造成食品污染。另外，这些逸出的农药也会对环境造成严重污染，从而间接污染食品。印度博帕尔毒气灾害就是某公司一化工厂泄漏农药中间体硫氰酸酯引起的，中毒者数以万计，同时造成大量孕妇流产和胎儿死亡。

脂溶性大、持久性长的农药，如滴滴涕和六六六等，很容易经食物链产生生物富集。随着营养级提高，农药的浓度也逐级升高，从而导致最终受体生物的急性、慢性和神经中毒。一般来说人类处在食物链的最末端，受残留农药生物富集的危害最严重。有些农药在环境中稳定性好，降解的代谢物也具有与母体相似的毒性，这些农药往往引起整个食物链的生物中毒死亡；有些农药尽管毒性低，但性质很稳定，若摄入量很大，也可产生毒害作用。

3.残留农药的毒性与危害

农药对人、畜的毒性可分为急性毒性和慢性毒性。所谓急性毒性，是指一次口服、皮肤接触或通过呼吸道吸入等途径，接受一定剂量的农药，在短时间内能引起急性病理反应的毒性，如有机磷剧毒农药1605、甲胺磷等均可引起急性中毒。患者在出现各种组织、脏器的一些相应的毒性反应时，还常常发生严重的神经系统损害和功能紊乱，表现为急性神经毒性和迟发性神经毒性等一系列精神症状。慢性毒性包括遗传毒性、生殖毒性、致畸和致癌作用，是指低于急性中毒剂量的农药，被长时间连续使用，通过接触或吸入而进入人畜体内，引起慢性病理反应，如化学性质稳定的有机氯残留农药六六六、滴滴涕等。

长期或大剂量摄入农药残留的食品后，还可能对食用者产生遗传毒性、生殖毒性、致畸和致癌作用。据报道，儿童某些肿瘤（脑癌、白血病）与父母在围生期接触化学农药有一定相关性。怀孕母亲接触农药，其子女患脑癌危险度明显增加。另外，用苯菌灵灌胃给药可引起动物致畸，而混饲则不致畸。因此，关于农药对机体的遗传毒性、生殖毒性、致畸和致癌性等作用还需要进一步研究证实。

（二）食品中有机磷农药残留与检测

有机磷农药属有机磷酸酯类化合物，是使用最多的杀虫剂。在其分子结构中含有多种有机官能团，根据 R、R_1 及 X 等基团不相同，可构成不同的有机磷农药。它的种类较多，包括甲拌磷（3911）、内吸磷（1059）、对硫磷（1605）、特普、敌百虫、乐果、马拉松（4049）、甲基对硫磷（甲基1605）、二甲硫吸磷、敌敌畏、甲基内吸磷（甲基1059）、氧化乐果、久效磷等。

大多数的有机磷农药为无色或黄色的油状液体，不溶于水，易溶于有机溶剂及脂肪中，在环境中较为不稳定，残留时间短，在室温下的半衰期一般为 7～10 h，低温分解缓慢，容易光解、碱解和水解等，也容易被生物体内有关酶系分解。有机磷农药加工成的剂型有乳剂、粉剂和悬乳剂等。

1. 污染食品的途径与人体吸收代谢

有机磷农药在农业生产中的广泛应用，导致食品发生了不同程度的污染，粮谷、薯类、蔬果类均可发生此类农药残留。主要污染方式是直接施用农药或来自土壤的农药污染，一般残留时间较短，在根类、块茎类作物中相对比叶菜类、豆类作物中的残留时间要长。对水域及水生生物的污染，大多是农药生产厂废水的排放及降水使得农药转移到水中而引起的。

有机磷农药随食物进入人体，被机体吸收后，可通过血液、淋巴液迅速分布到全身各个组织和器官，其中以肝脏分布最多，其次是肾脏、骨骼、肌肉和脑组织。有机磷农药主要在肝脏代谢，通过氧化还原、水解等反应，产生多种代谢产物。氧化还原后产生的代谢产物比原形药物的毒性有所增强。水解后的产物毒性降低。有机磷农药的代谢产物一般可在 24~48 h 内经尿排出体外。也有一小部分随大便排出。另外，很少一部分代谢产物还可通过汗液和乳汁液排出体外。有机磷酸酯经过代谢和排出，一般不会或很少在体内蓄积。

2.残留毒性与危害

有机磷农药的生产和应用也经历了由高效高毒型（如对硫磷、甲胺磷、内吸磷等）转变为高效低毒低残留型（如乐果、敌百虫、马拉硫磷等）的发展过程。有机磷农药化学性质不稳定，分解快，在作物中残留时间短。有机磷农药对食品的污染主要表现在植物性食物中。水果、蔬菜等含有芳香物质的植物最易吸收有机磷，且残留量高。有机磷农药的毒性随种类不同而有所差异。

有机磷农药是一类比其他种类农药更能引起严重中毒事故的农药，其导致中毒的原因是体内乙酰胆碱酯酶受抑制，导致神经传导递质乙酰胆碱的积累，影响人体内神经冲动的传递。这类化合物可能滞留在肠道或体脂中，再缓慢地被吸收或释放出来。因此中毒症状的发作可能延缓，或者在治疗过程中症状有反复。0.5~24 h 之间表现为一系列的中毒症状：开始为感觉不适，恶心、头痛，全身软弱和疲乏。随后发展为流口水（唾液分泌过多），并大量出汗、呕吐、腹部阵挛、腹泻、瞳孔缩小、视觉模糊，肌肉抽搐、自发性收缩，手震颤，呼吸时伴有泡沫，病人可能阵发痉挛并进入昏迷。严重的可能导致死亡；轻的在 1 个月内恢复，一般无后遗症，有时可能有继发性缺氧情况发生。

（三）防止食品中有机磷农药中毒的措施

1.加强农药管理，严禁与食品混放。防止运输、贮存过程中发生农药污染事件。用于家庭卫生杀虫时，应注意食品防护，防止食品污染。

2.农业生产中，要严格按照《农药安全使用标准》规范使用，易残留的有机磷农药避免在短期蔬菜、粮食、茶叶等作物中施用。

3.对于水果和蔬菜表面的微量残留农药，可用洗涤灵或大量清水冲洗、去皮等方法处理。粮食、蔬菜等食品经过烹调加热处理后可清除大部分残留的有机磷农药。

近年来，在食物中毒事件中，由农药残留引起的中毒死亡人数占总中毒死亡人数的

20%左右。因此食品中农药的检测十分重要。

（四）食品检测中农药残留检测技术的应用要点

1.逐步完善制度，确保技术应用规范

目前食品检测中农药残留检测技术类型丰富，不同技术具有各自的优势与不足，基本可满足不同的农药残留检测需求，获取精准检测结果，为之后的食品生产与安全控制提供依据。但这些农药残留检测技术的使用条件、适用需求不同，应被规范应用于不同的食品检测检验工作中。因此，建议食品检验检测机构进一步制定完善的农药残留检测技术应用制度，明确提出技术的应用要求和标准，划分不同技术的适用范畴，以便于工作人员根据食品检测工作的实际情况合理选择不同的技术，最大程度上发挥各项检验检测技术的优势，获取高质量检测结果。同时根据不同的农药残留检测技术原理及其应用特点，明确编制各自的技术应用条例，规范各项技术的应用过程，提升农药残留检测技术应用的严谨性与规范性。

2.基于实际需求，全过程应用技术

在当前的食品检测工作中，农药残留检测技术的应用是必不可少的环节。为了更好地保障食品检测结果，必须充分利用农药残留检测技术，既要根据技术规范逐步落实，也需要根据检验检测需求制定检测技术的应用方案，将农药残留检测技术贯穿落实于食品检测全过程。这样既可全过程动态监控食品检测情况，确保食品检测过程严谨，也可重点反映食品内特定农药残留成分的情况。以转基因农业食品农药残留检测为例，检测机构利用农药残留检测技术对转基因食品进行农药残留成分的检测与分析，工作人员应当根据检测对象生成农药残留技术应用方案，包括取样、保存、检测、数据采集与分析、数据比对与定性评价等，从而了解其中的成分，精准判断转基因食品是否符合安全规范要求。之后，将农药残留检测技术继续应用于后续的转基因食品安全生产控制、食品加工与包装控制等环节。

3.关注残留检验过程，控制检验检测技术

食品检测过程的质量会影响检测的最终效果，因此工作人员应当加强对农药残留检

测技术应用过程的控制，以此确保充分发挥技术优势，提升食品检测结果的科学性与准确性。

①控制食品检测中的样品流转过程。工作人员完成取样之后，及时清理样品，减少外部复杂因素对样品质量的影响；完成清理之后，将样品放置于指定的聚乙烯袋子中，最大程度保护样品原状。同时，全过程监督样品流转的各个环节，确保每个环节的精准性；第一时间出具报告，确保食品农药残留检测的时效性。

②控制食品检测的样品制备过程，针对茎类植物、叶片检测对象，需要对存在腐朽区域的植物，使用标准方法进行科学处理。

③根据不同类型食品的性状与特点，选择不同的保存方法，且根据样品外观进行匀浆处理，根据实际农药残留检测任务，划分样品。

④操作农药残留检测技术时，应当根据实际情况科学操作，严格落实技术操作流程，且以质量控制作为检测过程控制的首要任务。工作人员应当加强对匀浆时间的控制，在前期的静置阶段，在样品中加入适量的养分，适当摇晃；之后处理时，保证液体的性能状况，促使其处于不流动的状态，保证食品样品达到检测需求标准。计算数值时，应当关注农药自身药物代谢规律，根据规律选择合适的计算模型，最大程度保证检测质量。

此外，还应当积极引入先进科技，提升残留检测效率。先进技术的引入能够提升农药残留检测技术的精准性与全面性。例如，将污染物快速检测技术、图像识别技术、人工智能技术相结合，搭建农药残留污染物快速检测智能识别系统，依托多通道搭载平台，利用 AI 图像识别算法作为辅助，快速搜集监测数据，既提高了农药残留检测效率，也形成了数据共享与流动功能，促使农药残留检测从单个药物残留检测发展到多个药物残留检测，大大提高了农药残留检测技术的应用价值。

（五）农药残留检测技术在当代食品检验中的具体运用

在当代食品安全检测中，农药残留检测技术的有效性使用必不可少，为了更好地保证粮食的质量安全，必须充分利用现代的检验技术，做好各种检验工作，保障人体健康。农药残留检测技术在具体运用全过程中，重点反映在以下三个层面：

1.转基因食品的检测

现阶段，随着现代信息技术的发展，转基因食品深得大部分人的喜爱。转基因农作物具备较强的抗虫性、抗旱性，且产量较高，但转基因食品的安全和品质具有不确定性。为了更好地提高经济效益，销售市场上的转基因食品会被贴上非转基因食品的标识，这种做法严重损害了购买者的知情权。食品检测单位必须加强对转基因食品的成分检测，以消除人们对转基因食品的顾虑。因此，采用相关食品检测技术对转基因食物的农药残留进行定性定量检测至关重要。

2. 有害微生物的检测

在食品检验中，农药残留检测技术可以合理检测食品中的化学物质，鉴别不符合我国检测标准的内容，并提供技术专业的检测汇报，为市场监督部门提供技术性根据，确保食品安全性。有关工作人员在对食品中的有害微生物进行检测时可以应用酶联免疫法，该技术不仅可以缩短检测时间，还具有很高的精确性，可以大大提高检测工作的效率。但是，该方法的应用在我国还不够成熟，在现代的食物检测技术上还有很大的发展空间。

3. 食品中的配料及添加物的检验

（1）食品组成检验的关键在于对其进行营养成分检验，以保证其营养成分达到国家有关检验的要求。例如，可以利用杀虫剂的残留量来分析和测定食物中的葡萄糖水和鱼类的亚黄嘌呤。

（2）在食品生产和加工过程中，有些商家过分追求利润，往往在食物中加入过量的添加剂，导致产品存在安全隐患问题。为避免这种情况的发生，必须对食物中的添加物进行检验。例如，通过使用生物传感器技术，可以对食物中的添加物进行检测，从而对其本身的安全性和质量进行评价，确保进入市场的食物符合检验的要求。

为了使农药残留检测技术在食品检验中得到高效运用，有关工作人员应积极提高自身专业素养，熟练掌握农药残留检测技术操作过程及条件，充分认识到其在食品检验中的必要性，为食品质量安全提供保障，推动食品工业的可持续发展。

第三节 食品容器和包装中有害物质的检验

包装是实现商品价值和使用价值的重要手段之一，是商品生产和消费之间的桥梁，绝大多数商品只有通过适当的包装才能进入流通领域进行销售，以实现其使用价值。其作用有：保护商品，便于运输、搬运、装运、储存，促使商品增值。

包装是指按一定的技术方法，采用一定的包装容器、材料及辅料包装或捆扎货物。商品的包装，按其在流通领域中所起的作用不同分为运输包装和销售包装。

包装的主要作用在于保护商品，防止在储存、运输和装卸过程中发生货损货差。

运输包装的分类：按包装方式分，可分为单件运输包装和集合运输包装；按包装的造型不同，可分为箱、袋、桶、捆等；按包装材料不同，可分为纸制包装、金属包装、木制包装、塑料包装、麻织品包装、玻璃制品包装、陶瓷制品包装，以及竹、柳、草制品包装等。

为了便于运输、仓储、商检、验关，以及发货人与承运人、承运人与收货人之间的货物交接，避免错发错运，货物在运送之前，都要按一定的要求，在运输包装上面书写、压印简单的图形、文字和数字，以资识别，这些图形、文字和数字，统称为运输标志。

包装材料带来的食品不安全因素：包装材料直接和食物接触，很多材料成分可迁移到食品中，造成不良后果。如塑料、橡胶包装容器，其残留的单体、添加剂及裂解物等可迁移进入食品中；纸包装中的造纸助剂、荧光增白剂、印刷油墨中的多氯联苯等对食品造成化学污染；搪瓷、陶瓷、金属等包装容器，所含有害金属溶出后，移入盛装的食品中。

食品包装材料及容器的基本要求：适合食品的耐冷冻、耐高温、耐油脂、防渗漏、抗酸碱、防潮、保香、保色、保味等性能；特别是食品容器、包装材料的安全性，即不能向食品中释放有害物质，不与食品中的营养成分发生反应；许多国家制定了食品包装材料中有害物质的限制标准。

一、塑料包装中有害物质的检验

塑料，照字面上讲，是具有可塑性的材料。现代塑料：用树脂在一定温度和压力下浇铸、挤压、吹塑或注射到模型中冷却成型的一类材料的专称。化学上，塑料是一种聚合物，是由很多个单元不断重复组合而成的。

（一）塑料特点

重量轻、耐酸碱、耐腐蚀、低透气、运输方便、化学稳定性好、易于加工、装饰效果好及良好的食品保护作用；大多数塑料可达到食品包装材料对卫生安全性的要求，但仍存在着不少影响食品的不安全因素。

（二）塑料分类

塑料是一种可塑性的高分子材料，是树脂在一定温度和压力下浇铸、挤压、吹塑或注射到模型中冷却成型的，分两类：

1.热塑性塑料，主要是由线型或支链型高聚物组成的，加热软化或熔融，可塑制成型，再加热又能软化或熔融，可如此反复处理，其性能基本不变。

2.热固性塑料，再次加热不能熔融成型。

随着塑料产量增大、成本降低，大量的商品包装袋、液体容器以及农膜等，人们已经不再反复使用，使塑料成为一类用过即被丢弃的产品的代表；废弃塑料带来的"白色污染"，今天已经成为一种不能再被忽视的社会公害了。

多种塑料中，一般只有PET（聚对苯二甲酸乙二醇酯）及HDPE（低压聚乙烯）塑料是普遍会被回收的，除试测性质的小规模回收计划外，其他塑料一般是不被回收的。可回收塑料价值是生产新塑料价格的3倍，成本高昂，塑料的回收及再造比其他材料较难普及。

聚苯乙烯：以石油为原料制成乙苯，乙苯脱氢精馏后可得到苯乙烯，再由苯乙烯聚合而成。本身无味、无臭、无毒、透明、廉价、刚性、印刷性能好，不易生长霉菌，卫生安全性好，可用于收缩膜、食品盒、水果盘、小餐具，以及快餐食品盒、盘等。常残留有苯乙烯、乙苯、异丙苯、甲苯等挥发性物质，有一定毒性，不同国家的限量标准不同。氯乙烯聚合而成的，本身是一种无毒聚合物，其安全性主要是残留的氯乙烯单体、降解产物和添加剂（增塑剂、热稳定剂和紫外线吸收剂等）的溶出造成食品污染；增塑剂在塑料中的使用量主要取决于聚合物的伸长率及塑料的用途。目前已进入工业生产的增塑剂有 500 余种，大部分都属于酯类化合物。几种重要增塑剂和增塑效率塑料包装中的另类有害物质是被确定为环境激素的化学物质双酚 A。双酚 A 可对前列腺的发育产生微小的影响，在婴儿刚刚出生时是看不出来的。但当受到影响的婴儿在长大后，就会逐渐出现病症，比如前列腺肥大和前列腺癌。这种化学成分还可以导致尿道畸形。密苏里大学生物科学教授弗雷德里克警告说："在胎儿成形过程中，这种雌激素化学成分可以持久破坏细胞控制系统，并导致前列腺发生病变。"

单体氯乙烯具有麻醉作用，可引起人体四肢血管收缩而产生疼痛感，同时还具有致癌和致畸作用，各国对其单体的残留量都做了严格规定；其结构疏松多孔，吸收增塑剂能力很强，所以有优异的加工性能，可用于生产高质量、透明度强的塑料制品；制造各种板材、棒材、管材、透明片、软塑料制品等，广泛应用于食品、医疗、文具、建材、装饰、化工、纺织、日用品制造等行业；包在熟食上的 PVC 保鲜膜，如果与油脂接触或放微波炉里加热，保鲜膜里的增塑剂与食物发生化学反应，毒素挥发出来，危害人体健康。其主要检测方法为气相色谱法。

（三）塑料包装中有害物质的检验方法

（1）氯乙烯的测定。

（2）原理：将试样放入密封平衡瓶中，用 N，N-二甲基乙酰胺溶解。在一定温度下，氯乙烯扩散，当达到气液平衡时，取液上气体注入气相色谱仪，氢火焰离子化检测器测定，外标法定量。

（3）试剂与材料：除非另有说明，所有试剂均为分析纯。

①试剂：N，N-二甲基乙酰胺，纯度大于 99%。

②标准品：氯乙烯基准溶液，5000 mg/L，丙酮或甲醇作溶剂。

③标准溶液配制：

氯乙烯储备液的配制（10 mg/L）：在 10 mL 棕色玻璃瓶中加入 10 mL N，N-二甲基乙酰胺,用微量注射器吸取 20 μL 氯乙烯基准溶液到玻璃瓶中,立即用瓶盖密封,平衡 2 h 后,保存在 4 ℃的冰箱中。

氯乙烯标准工作溶液的配制:在 7 个顶空瓶中分别加入 10 mL N,N-二甲基乙酰胺,用微量注射器分别吸取 0 μL、50 μL、75 μL、100 μL、125 μL、150 μL、200 μL 氯乙烯储备液缓慢注射到顶空瓶中,立即加盖密封,混合均匀,得到 N,N-二甲基乙酰胺中氯乙烯的浓度分别为 0 mg/L、0.050 mg/L、0.075 mg/L、0.100 mg/L、0.125 mg/L、0.150 mg/L、0.200 mg/L。

(4)仪器与设备:

①气相色谱仪:配置自动顶空进样器和氢火焰离子化检测器。

②玻璃瓶:10 mL,瓶盖带硅橡胶或者丁基橡胶密封垫。

③顶空瓶:20 mL,瓶盖带硅橡胶或者丁基橡胶密封垫。

④微量注射器:25 μL、100 μL、200 μL。

⑤分析天平:感量 0.0001 g 和 0.01 g。

(5)分析步骤:

试液制备:称取 1 g(精确到 0.01 g)剪碎后的试样(面积不大于 1 cm×1 cm),置于顶空瓶中,加入 10 mL 的 N,N-二甲基乙酰胺,立即加盖密封,振荡溶解(如果溶解困难,可适当升温),待完全溶解后放入自动顶空进样器待测。

测定:①仪器参考条件:自动顶空进样器条件。定量环:1 mL 或 3 mL;平衡温度:70 ℃;定量环温度:90 ℃;传输线温度:20 ℃;平衡时间:30 min;加压时间:0.20 min;定量环填充时间:0.10 min;定量环平衡时间:0.10 min;进样时间:1.50 min。②色谱条件。色谱柱:聚乙二醇毛细管色谱柱,长 30 m,内径 0.32 mm,膜厚 1 cm,或等效柱;柱温程序:起始 40 ℃,保持 1 min,以 2 ℃/min 的速率升至 60 ℃,保持 1 min,以 20 ℃ 速率升至 200 ℃,保持 1 min;载气:氮气,流速 1 mL/min;进样模式:分流,分流比 1:1;进样口温度:200 ℃;检测器温度:200 ℃。

标准工作曲线的制作:对制备的标准工作溶液在仪器参数下进行检测,以氯乙烯标准工作溶液质量浓度为横坐标,以对应的峰面积为纵坐标,绘制标准工作曲线,得到线性方程。

定量测定:对制备的样品在仪器参数下进行检测,根据氯乙烯色谱峰面积,由标准曲线计算出样液中的氯乙烯单体量。

（6）分析结果的表述：

试样中的氯乙烯按式（5-1）计算：

$$X = \frac{\rho V}{m} \tag{5-1}$$

式中：

X ——试样中氯乙烯单体的量；

ρ ——样液中氯乙烯的浓度；

V ——样品溶液的体积；

m ——试样的质量。

结果保留 2 位有效数字。

精密度：在重复性条件下获得的两次独立测定结果的绝对差值不得超过算术平均值的 10%。

其他：本标准中氯乙烯的检出限为 0.1 mg/kg，定量限为 0.5 mg/kg。

二、纸包装中有害物质的检验

造纸生产分两大部分，即制浆和造纸。制浆是用化学法或机械法（磨木法）把天然植物原料中的纤维离解出来，制成本色或漂白纸浆的过程；造纸是将纸浆进行打浆处理，再加胶料、填料，使纸浆在水中均匀分散，然后在抄纸机中脱水（滤水、挤压、烘干）造型，再通过切纸机、复卷机整理制成成品纸。

东汉时期，造纸的原料是以麻为主的破布；唐宋年间，开始使用麻、树皮、稻草等原料；随着现代制浆技术的出现，木材开始逐渐成为造纸的主要原料，比重由 1880 年的 10%上升到 1970 年的 93%，现在世界上主要的造纸国家，几乎全部用木材纤维造纸。

木材比其他原料更适合于现代化大生产：纤维形态比其他原料好，而且，易制造出各种高质量的产品，生产效率高，易于污染治理，体积密集，便于运输、保存。

木材是最重要的造纸纤维原材料。木材分布广泛，方便取用，并且是一种可再生的自然资源。造纸原料有植物纤维和非植物纤维（无机纤维、化学纤维、金属纤维）两大类。目前国际上的造纸原料主要是植物纤维，一些经济发达国家所采用的针叶树或阔叶树木材占总用量的95%以上。这些方面相对金属等包装材料来说，具有很大的优越性。

然而，纸包装材料还是有一定的污染。在植物纤维中，主要有草浆和木浆。资料显示，草浆用的麦秆之类的植物所含的木质素比木浆所用的阔叶、针叶木所含的木质素要少，然而木浆的黑液可以通过碱回收系统回收再用，回收系统成熟。草浆的黑液里含有太多的硅酸盐，会对碱回收系统造成干扰，使系统不能很好地运行，所以草浆的黑液回收系统目前还不完善，只能排放草浆黑液。

为了减少原料对环境的污染，开始寻求新技术解决这个问题。比如用蔗渣、稻草做原料，用全新技术达到基本无污染造纸。随着技术的全面发展，纸包装材料的取用对环境的污染会越来越小，为纸包装在绿色环保的道路上扫清障碍。

纸包装生产流程分为四步：制浆、抄纸、涂布、加工。

造纸工业产生的主要污染来自制浆工艺。碱法制浆会产生造纸黑液，即木质素、聚戊糖和总碱的混合物，黑液中所含的污染物占到了造纸工业污染排放总量的90%以上，且具有高浓度和难降解的特性，它的治理一直是一大难题。

尽管制浆工艺有一定的污染，纸包装的生产相对于其他包装材料还是更加绿色环保。金属、塑料、玻璃的熔融加工需要消耗大量的能量，其工业废物污染更加严重。并且，改进金属等材料的加工工艺十分困难，复杂的工艺流程决定了这些材料没有纸包装材料在环保方面的优越性。

食品包装纸中有害物质的主要来源：造纸原料中的污染物；造纸过程中添加的助剂残留，如硫酸铝、纯碱、亚硫酸钠、次氯酸钠、松香和滑石粉、防霉剂等；包装纸在涂蜡、荧光增白处理过程中的多环芳烃化合物和荧光增白化学污染物；彩色颜料污染，如生产糖果使用的彩色包装纸，涂彩层接触糖果造成的污染；成品纸表面的微生物及微尘杂质污染。

包装纸对食品安全性的影响：食品包装纸的安全问题与纸浆、助剂、油墨等有关；种植过程中，使用农药、化肥等使其在稻草、麦秆等纸浆原料中残留；工厂在纸浆原料中掺入一定比例的社会回收纸，脱色只脱去油墨，铅、镉、多环芳烃类等仍留在纸浆中；加工过程中加入清洁剂、改良剂等对食品造成污染；使纸增白添加的荧光增白剂及制作蜡纸时石蜡中含有的多氯联苯，都是致癌物质；我国还没有食品包装印刷专用油墨，所用油墨中含有铅、镉及甲苯、二甲苯等物质，对食品造成污染。

包装与环境相辅相成，一方面包装在其生产过程中需要消耗能源、资源，产生工业废料和包装废弃物会污染环境；另一方面也要看到包装保护了商品，减少了商品在流通中的损坏，这又是有利于减少环境污染的。目前，在解决包装与环境的关系上，绝不仅仅考虑如何处理包装废弃物，而是要考虑人们的一切活动中所需要的包装产品都是通过消耗自然资源及能源，产生废弃物并且影响地球环境作为代价的。因此，包装的目标，就是要保存最大限度的自然资源，形成最小数量的废弃物和最低限度的环境污染。这些方面，纸包装材料很好地符合了绿色包装的标准。

食品包装纸中有害物质的检测：荧光染料的检测，多氯联苯的测定，食品包装材料中铅、砷和镉的测定。

三、橡胶包装中有害物质的检验

天然橡胶是由人工栽培的三叶橡胶树分泌的乳汁经凝固、加工而制得的，其主要成分为聚异戊二烯，含量在90%以上，此外还含有少量的蛋白质、糖分及灰分。天然橡胶按制造工艺和外形的不同，分为烟片胶、颗粒胶、绉片胶和乳胶等，市场上以烟片胶和颗粒胶为主。

虽然自然界中含有橡胶的植物很多，但能大量采胶的主要是生长在热带雨区的巴西橡胶树。从树中流出的胶乳，经过凝胶等工艺制成的生橡胶，最初只用于制造一些防水织物、手套、水壶等，但它受温度的影响很大，热时变黏，冷时变硬、变脆，因而用途较少。

人们常用的合成橡胶有丁苯橡胶、顺丁橡胶和氯丁橡胶等。合成橡胶与天然橡胶相比，具有高弹性、绝缘性、耐油和耐高温等性能，因而广泛应用于工农业、国防、交通及日常生活中。

橡胶制品常用作奶嘴、瓶盖、高压锅垫圈及输送食品原料、辅料、水的管道等，有天然橡胶和合成橡胶两大类。天然橡胶是以异戊二烯为主要成分的天然高分子化合物，本身既不分解也不被人体吸收，因而一般认为对人体无毒。但由于加工的需要，加入的多种助剂，如促进剂、防老剂、填充剂等，给食品带来了不安全的问题。合成橡胶主要来源于石油化工原料，种类较多，是由单体经过各种工序聚合而成的高分子化合物，在加工时也使用了多种助剂。橡胶制品在使用时，这些单体和助剂有可能迁移至食品，对人体造成不良影响。有文献报道，异丙烯橡胶和丁腈橡胶的溶出物有麻醉作用，氯二丁烯有致癌的可能。丁腈橡胶耐油，其单体丙烯腈毒性较大，大鼠 LD 50 为 78～93 mg/kg 体重。美国于 1977 年规定丁腈橡胶成品中丙烯腈的溶出量不得超过 0.05 mg/kg。

橡胶加工时使用的促进剂有氧化锌、氧化镁、氧化钙、氧化铅等无机化合物，由于使用量均较少，因而较安全（除含铅的促进剂外）。有机促进剂有醛胺类如乌洛托晶，能产生甲醛，对肝脏有毒性；硫脲类如乙撑硫脲有致癌性；秋兰姆类能与锌结合，对人体可产生危害；另外还有胍类、噻唑类、次磺酰胺类等，它们大部分具有毒性。防老剂中主要使用的有酚类和芳香胺类，大多数有毒性，如 P-萘胺具有明显的致癌性，能引起膀胱癌。而填充剂也是一类不安全因子，常用的如炭黑往往含有致突变作用的多环芳烃——苯并（α）芘物质。橡胶主要的添加剂有硫化促进剂、防老剂和填充剂。其中硫化促进剂可促进橡胶硫化作用，以提高其硬度、耐热度和耐浸泡性。无机促进剂有氧化锌、氧化镁、氧化钙等，均较安全。氧化铅由于对人体的毒性作用应禁止用于餐具。有机促进剂多属于醛胺类，如六甲四胺（乌洛托品，又名促进剂 H）能分解出甲醛。硫脲类中乙撑硫脲有致癌作用，已被禁用。秋兰姆类的烷基秋兰姆硫化物中，烷基分子愈大，安全性愈高，如双五烯秋兰姆较为安全。二硫化四甲基秋兰姆与锌结合对人体有害。架桥剂中过氧化二苯甲酰的分解产物二氯苯甲酸毒性较大，不宜用作食品工业橡胶。

防老化剂为使橡胶对热稳定，提高耐热性、耐酸性、耐臭氧性以及耐曲折龟裂性等而使用。防老化剂不宜采用芳胺类而宜用酚类，因前者衍生物及其化合物具有明显的毒性。如 β-萘胺可致膀胱癌已被禁用，N-N′-二苯基对苯二胺在人体内可转变成 β-萘胺，酚类化合物应限制制品中的游离酚含量。

充填剂主要有两种，即炭黑和氧化锌。炭黑提取物在 Ames（艾姆斯）实验中，被证实有明显的致突变作用，故要求其纯度较高，并限制其苯并（α）芘含量，或将其提取至最低限度。由于某些添加剂具有毒性，或对实验动物具有致癌作用，故除上述种类以外，我国规定 α-巯基咪唑啉、α-硫醇基苯并噻唑（促进剂 M）、二硫化二甲并噻唑（促进剂 DM）、乙苯-β-萘胺（防老剂 J）、对苯二胺类、苯乙烯代苯酚、防老剂 124 等不得在食品用橡胶制品中使用。

橡胶制品中有害物质的测定：挥发物、可溶性有机物质、重金属及甲醛的测定同塑料及锌的测定。

以下以甲醛迁移量的测定方法为例进行说明：

（一）乙酰丙酮分光光度法

1. 原理

食品模拟物与试样接触后，试样中甲醛迁移至食品模拟物中。甲醛在乙酸铵存在的条件下与乙酰丙酮反应生成黄色的3，5-二乙酰基-1，4-二氢二甲基吡啶，用分光光度计在410 nm下测定试液的吸光度值，与标准系列比较得出食品模拟物中甲醛的含量，进而得出试样中甲醛的迁移量。

2. 试剂和材料

除非另有说明，本方法所用试剂均为分析纯，水为GB/T6682—2008规定的三级水。

试剂：无水乙醇（CH_3CH_2OH）；无水乙酸铵（CH_3COONH_4）；乙酰丙酮（$C_5H_8O_2$）；冰乙酸（CH_3COOH）。

试剂配制：①水基食品模拟物：按照GB5009.156—2016的规定配制。②乙酰丙酮溶液：称取15.0 g无水乙酸铵溶于适量水中，移入100 mL容量瓶中，加40 μL乙酰丙酮和0.5 mL冰乙酸，用水定容至刻度，混匀。此溶液现用现配。

标准溶液配制：①甲醛溶液（37%～40%，质量分数）：0℃～4℃保存。②甲醛标准储备液：吸取甲醛溶液5.0 mL至1000 mL容量瓶中，用水定容至刻度，0℃～4℃保存，有效期为12个月，临用前进行标定，或直接使用甲醛溶液标准品进行配制。③甲醛标准使用液：根据标定的甲醛浓度，准确移取一定体积的甲醛标准储备溶液，分别用相应的模拟物稀释至每升相当于10 mg甲醛，该使用液现用现配。

3. 仪器和设备

①紫外可见分光光度计。②恒温水浴锅：精度控制在±1℃。③具塞比色管：10 mL（带刻度）。

4.分析步骤

（1）迁移实验

根据待测样品的预期用途和使用条件，按照 GB5009.156—2016 和 GB31604.1—2023 的要求，对样品进行迁移实验。迁移实验过程中至测定前，应注意密封，以避免甲醛的挥发损失。同时做空白实验。

（2）显色反应

分别吸取 5.0 mL 模拟物试样溶液和空白溶液至 10 mL 比色管中，分别加入 5.0 mL 乙酰丙酮溶液，盖上瓶塞后充分摇匀。将比色管置 40 ℃水浴中放置 30 min，取出后置室温下冷却。

（3）标准曲线的制作

取 7 支 10 mL 比色管，根据迁移实验所使用的模拟物种类，按表 5-1 分别加入相应的甲醛标准使用液，用相应的模拟物补加至 5.0 mL，分别加入 5.0 mL 乙酰丙酮溶液，盖上瓶塞后充分摇匀。将比色管置 40 ℃水浴中放置 30 min，取出后置室温下冷却。将经显色反应后的标准工作溶液系列装入 10 mm 比色皿中，以显色后的空白溶液为参比，410 nm 处测定标准溶液的吸光度值。以标准溶液的浓度为横坐标，以吸光度值为纵坐标，绘制标准曲线。

表 5-1　标准工作溶液系列配制

甲醛标准使用液加入量（mL）	0	0.20	0.40	0.60	0.80	1.0
甲醛标准工作系列浓度（mg/L）	0	2.0	4.0	6.0	8.0	10

（4）试样溶液和空白溶液的测定

将经显色反应后的试样溶液和空白溶液装入 10 mm 比色皿中，以显色后的空白溶液为参比，410 nm 处测定试样溶液的吸光度值，由标准曲线计算试样溶液中甲醛的浓度（mg/L）。

5.分析结果的表述

（1）食品模拟物中甲醛浓度的计算

食品模拟物中甲醛的浓度按式（5-2）计算：

$$X = \frac{y - b}{a} \tag{5-2}$$

X ——食品模拟物中甲醛的浓度；

y ——食品模拟物中甲醛的峰面积；

b ——标准工作曲线的截距；

a ——标准工作曲线的斜率。

（2）甲醛迁移量的计算

由（1）得到食品模拟物中甲醛的浓度，按 GB5009.156—2016 进行迁移量的计算，得到食品接触材及制品中甲醛的迁移量。结果保留至小数点后 2 位。

精密度：在重复性条件下获得的两次独立测定结果的绝对差值不得超过算术平均值的 10%。

其他：以高于空白溶液吸光度值 0.01 的吸光度所对应的浓度值为检出限，以 3 倍检出限为方法的定量限。以每平方厘米试样表面积接触 2 mL 模拟物计，方法的检出限和定量限分别为 0.02 mg/cm^2 和 0.06 mg/cm^2。

（二）变色酸分光光度

1. 原理

食品模拟物与试样接触后，试样中甲醛迁移至食品模拟物中。甲醛在硫酸存在的条件下与变色酸反应生成紫色化合物，用分光光度计在 574 nm 测定试液的吸光度值，与标准系列比较得出食品模拟物中甲醛的含量，进而得出试样中甲醛的迁移量。

2. 试剂和材料

除非另有说明，本方法所用试剂均为分析纯，水为 GB/T 6682—2008 规定的三级水或去离子水。所有试剂经本方法检测均不得检出甲醛。

（1）试剂：变色酸（$C_{10}H_8O_8S_2$），硫酸：优级纯。

（2）试剂配制：水基食品模拟物按照 GB5009.156—2016 的规定配制。硫酸溶液：量取 100 mL 硫酸，溶于 50 mL 水中，缓慢搅拌，混匀。注：浓硫酸遇水时会大量放热，且浓硫酸密度大于水，如将水加入浓硫酸中可能会导致暴沸。配制时，须将硫酸沿着烧杯壁缓慢加入水中，并不断搅拌。

（3）变色酸溶液（5 mg/mL）：称取 0.500 g 变色酸，用适量水溶解，移入 100 mL 容量瓶中，用水定容至刻度，混匀后用慢速滤纸过滤，收集滤液待用。此溶液现用现配。

（4）标准溶液配制：①甲醛溶液（37%～40%，质量分数）：0～4 ℃保存。②甲醛标准储备液：吸取甲醛溶液 0.5 mL 至 1000 mL 容量瓶中，用水定容至刻度，0～4 ℃保存，有效期为 12 个月，临用前进行标定，或直接使用甲醛溶液标准品进行配制。③甲醛标准使用液：根据标定的甲醛浓度，准确移取一定体积的甲醛标准储备溶液，分别用相应的模拟物稀释至每升相当于 10 mg 甲醛，该使用液现用现配。

3. 分析步骤

（1）迁移实验

根据待测样品的预期用途和使用条件，按照 GB5009.156—2016 和 GB31604.1—2023 的要求，对样品进行迁移实验。迁移实验过程中至测定前，应注意密封，以避免甲醛的挥发损失。

（2）空白实验

除不与待测样品接触外，进行空白实验。

（3）显色反应

分别吸取 1.0 mL 模拟物试样溶液、空白溶液至 10 mL 比色管中，各加入 1.0 mL 比变色酸溶液，再缓慢加入 8.0 ml 硫酸溶液，小心摇动比色管。溶液充分摇匀后，将比色管置 90 ℃水浴中 20 min，立即在冰水浴中冷却 2 min，然后取出并恢复至室温。

（4）工作曲线

取 6 支 10 mL 比色管，根据迁移实验所使用的模拟物种类，按表 5-2 分别加入相应的甲醛标准使用液，用相应的模拟物补加至 1.0 mL，各加入 1.0 mL 变色酸溶液，再缓慢加入 8.0 mL 硫酸溶液，小心摇动比色管。溶液充分摇匀后，将比色管置 90 ℃水浴中 20 min，立即在冰水浴中冷却 2 min，然后取出恢复至室温。将经显色反应后的标准工作溶液系列缓慢倒入 10 nm 比色皿中，以显色后的空白溶液为参比，574 nm 处测定标准溶液的吸光度值。以标准溶液的浓度（mg/L）为横坐标，以吸光度值为纵坐标，建立工作曲线。

（5）试样溶液和空白溶液的测定

将经显色反应后的试样溶液和空白溶液缓慢倒入 10 nm 比色皿中，以显色后的空白溶液为参比，574 nm 处分别测定试样溶液的吸光度值，由工作曲线计算试样溶液中甲醛的浓度（mg/L）。

表 5-2　标准工作溶液系列配制

甲醛标准使用液加入量（mL）	0	0.20	0.40	0.60	0.80	1.0
甲醛标准工作系列浓度（mg/L）	0	2.0	4.0	6.0	8.0	10

4. 分析结果的表述

食品模拟物中甲醛的浓度按式（5-3）计算：

$$\rho = \frac{y - b}{a} \tag{5-3}$$

ρ ——食品模拟物中甲醛的浓度；

y ——食品模拟物中甲醛的峰面积；

b ——标准工作曲线的截距；

a ——标准工作曲线的斜率。

四、食品包装材料设备的卫生管理

包装材料必须符合国家标准有关卫生标准的要求，并经检验合格方可出厂。

利用新原料生产接触食品所用的包装材料新品种，在投产之前必须提供产品卫生评价所需的资料（包括配方、检验方法、毒理学安全评价、卫生标准等）和样品，按照规定的食品卫生标准审批程序报请审批，经审查同意后，方可投产。

生产过程中必须严格执行生产工艺、建立健全产品卫生质量检验制度。产品必须有清晰完整的生产厂名、厂址、批号、生产日期的标识和产品卫生质量合格证。

销售单位在采购时，要索取检验合格证或检验证书，凡不符合卫生标准的产品不得销售。食品生产经营者不得使用不符合标准的食品容器包装材料设备。

食品容器包装材料设备在生产、运输、储存过程中，应防止有毒有害化学品的污染。

食品卫生监督机构对生产经营与使用单位应加强经常性卫生监督，根据需要采取样品进行检验。对于违反管理办法者，应根据《中华人民共和国食品卫生法》的有关规定追究法律责任。

参 考 文 献

[1]李海燕.食品质量安全检验基础与技术研究[M].长春：吉林科学技术出版社，2023.01.

[2]王明华.生物检测技术在食品检验中的应用研究[M].北京：中华工商联合出版社，2022.07.

[3]赵光远，张培旗，邓建华.食品质量管理[M].第2版.北京：中国纺织出版社，2022.03.

[4]曹叶伟.食品检验与分析实验技术[M].长春：吉林科学技术出版社，2021.05.

[5]尹永祺，方维明.食品生物技术[M].北京：中国纺织出版社，2021.04.

[6]马良,李诚,李巨秀.食品分析[M].第2版.北京:中国农业大学出版社,2021.08.

[7]邹小波，赵杰文.现代食品检测技术[M].第3版.北京：中国轻工业出版社，2021.01.

[8]何国庆，贾英民，丁立孝.食品微生物学[M].第4版.北京：中国农业大学出版社，2021.03.

[9]蒋爱民，周佺.食品原料学[M].第3版.北京：中国轻工业出版社，2020.08.

[10]姜咸彪.食品分析实验[M].上海：复旦大学出版社，2020.04.

[11]胡卓炎，梁建芬.食品加工与保藏原理[M].北京：中国农业大学出版社，2020.06.

[12]林建城.食品生物技术实验[M].厦门：厦门大学出版社，2020.12.

[13]尤坚萍.常见食品安全风险因子速查指南[M].杭州:浙江大学出版社，2020.11.

[14]孟德梅.食品感官评价方法及应用[M].北京：知识产权出版社，2020.04.

[15]吴玉琼.食品专业创新创业训练[M].上海：复旦大学出版社，2020.03.

[16]江正强.现代食品原料学[M].北京：中国轻工业出版社，2020.09.

[17]冯翠萍.食品卫生学实验指导[M].第2版.北京：中国轻工业出版社，2020.07.

[18]金晓峰，赵贵，焦仁刚.动物性食品兽药残留限量查询手册[M].贵阳：贵州科学技术出版社，2020.08.

[19]朱珠，梁传伟.焙烤食品加工技术[M].第3版.北京：中国轻工业出版社，2020.10.

[20]秦立虎.乳品质量安全技能考核指南[M].西安：西北大学出版社，2020.02.

[21]朱军莉.食品安全微生物检验技术[M].杭州：浙江工商大学出版社，2019.12.

[22]宁喜斌.食品微生物检验学[M].北京：中国轻工业出版社，2019.02.

[23]李宝玉.食品微生物检验技术[M].北京：中国医药科技出版社，2019.01.

[24]朱艳.食品微生物检验方法与技术探究[M].长春：吉林科学技术出版社，2019.10.

[25]刘少伟.食品安全保障实务研究[M].上海：华东理工大学出版社，2019.05.

[26]徐信贵.食品安全风险警示制度研究[M].武汉：武汉大学出版社，2019.11.

[27]姚玉静，翟培.食品安全快速检测[M].北京：中国轻工业出版社，2019.02.

[28]王菊香，王珍，王雪玲.高等学校医学检验技术专业教材卫生理化检验[M].武汉：武汉大学出版社，2019.08.

[29]纵伟，郑坚强.食品卫生学[M].第2版.北京：中国轻工业出版社，2019.03.

[30]孙金才，江津津.食品包装技术[M].北京：中国医药科技出版社，2019.01.